Python数据可视化编程实战（第2版）

[爱尔兰] 伊戈尔 · 米洛瓦诺维奇（Igor Milovanović）
[法] 迪米特里 · 富雷斯（Dimitry Foures） 著
[意大利] 朱塞佩 · 韦蒂格利（Giuseppe Vettigli）
颛清山 译

人 民 邮 电 出 版 社
北 京

图书在版编目（CIP）数据

Python数据可视化编程实战 : 第2版 / (爱尔兰) 伊戈尔·米洛瓦诺维奇, (法) 迪米特里·富雷斯 (Dimitry Foures), (意) 朱塞佩·韦蒂格利 (Giuseppe Vettigli) 著 ; 颛清山译. -- 北京 : 人民邮电出版社, 2018.9（2022.6重印）
ISBN 978-7-115-48842-8

Ⅰ. ①P… Ⅱ. ①伊… ②迪… ③朱… ④颛… Ⅲ. ①软件工具－程序设计 Ⅳ. ①TP311.561

中国版本图书馆CIP数据核字(2018)第148596号

版权声明

◆ 著　[爱尔兰] 伊戈尔·米洛瓦诺维奇（Igor Milovanović）
　　[法] 迪米特里·富雷斯（Dimitry Foures）
　　[意大利] 朱塞佩·韦蒂格利（Giuseppe Vettigli）
译　颛清山
责任编辑　武晓燕
责任印制　焦志炜

◆ 人民邮电出版社出版发行　北京市丰台区成寿寺路 11 号
邮编　100164　电子邮件　315@ptpress.com.cn
网址　http://www.ptpress.com.cn
北京捷迅佳彩印刷有限公司印刷

◆ 开本：800×1000　1/16
印张：17.25　2018 年 9 月第 1 版
字数：329 千字　2022 年 6 月北京第 15 次印刷
著作权合同登记号　图字：01-2017-7882 号

定价：69.00 元

读者服务热线：(010)81055410　印装质量热线：(010)81055316
反盗版热线：(010)81055315
广告经营许可证：京东市监广登字 20170147 号

内容提要

本书是一本使用 Python 实现数据可视化编程的实战指南，介绍了如何使用 Python 最流行的库、通过 70 余种方法创建美观的数据可视化效果。

全书共 9 章，分别介绍了准备工作环境、了解数据、绘制并定制化图表、学习更多图表和定制化、创建 3D 可视化图表、用图像和地图绘制图表、使用正确的图表理解数据、matplotlib 相关知识以及使用 Plot.ly 进行云端可视化。

本书适合那些对 Python 编程有一定基础的开发人员阅读，它可以帮助读者从头开始了解数据、数据格式、数据可视化，并学会使用 Python 可视化数据。

作者简介

Igor Milovanović 是一名在 Linux 系统和软件工程领域有深厚背景的、经验丰富的开发人员，熟悉创建可扩展数据驱动分布式富软件系统的技术。

身为一个高性能系统设计的布道者，他对软件架构和软件开发方法论有着浓厚的兴趣。他一直坚持倡导促进高质量软件的方法论，如测试驱动开发、一键部署和持续集成。

他也拥有丰富的产品开发知识。他拥有领域经验知识，并参加过官方培训，他能够在业务和开发人员之间很好地传递业务知识和业务流程。

Igor 非常感谢他的女友允许他把大量的时间花费在本书的写作上而没有陪伴她，并在他无休止地谈论本书时甘愿做一个热心的听众。他感谢他的哥哥一直以来做他最坚强的后盾。他还要感谢他的父母，给予他自由的发展空间，让他成为今天的自己。

Dimitry Foures 是一名拥有应用数学和理论物理背景的数据科学家。在里昂高等师范学校（法国）完成他的物理专业的本科学业后，他继续在巴黎综合理工学院学习流体力学，并获得了一等硕士学位。他拥有剑桥大学应用数学专业博士学位。他目前在剑桥的一家智能能源初创公司担任数据科学家一职，与剑桥大学有着非常密切的合作。

Giuseppe Vettigli 是一名数据科学家，他在产业界和学术界从事过多年的研究工作。他的工作关注从结构化及非结构化数据中提取信息进行机器学习模型的开发和应用。他也经常发表利用 Python 进行科学计算和数据可视化的文章。

评阅者简介

Kostiantyn Kucher 出生在乌克兰敖德萨。他于 2012 年在敖德萨国立理工大学获得计算机科学专业的硕士学位。他使用 Python、Matplotlib 和 PIL 从事机器学习和图像识别的工作。

Kostiantyn 从 2013 年开始成为一名计算机科学专业信息可视化方向的博士研究生。在 Andreas Kerren 博导的指导下，他在瑞典林奈大学计算机科学系的 ISOVIS 小组进行研究。

Kostiantyn 也是本书第 1 版的技术评阅者。

译者序

图形可视化是展示数据的一个非常好的手段，好的图表自己会说话。毋庸多言，在Python的世界里，matplotlib是最著名的绘图库，它支持几乎所有的2D绘图和部分3D绘图，被广泛地应用在科学计算和数据可视化领域。但是介绍matplotlib的中文书籍很少，大部分书籍只是在部分章节中提到了 matplotlib 的基本用法，因此在内容和深度上都力有不逮。本书则是一本专门介绍matplotlib的译著。

matplotlib是一个开源项目，由John Hunter发起。关于matplotlib的由来，有一个小故事。John Hunter和他研究癫痫症的同事借助一个专有软件做脑皮层电图分析，但是他所在的实验室只有一份该电图分析软件的许可。他和许多一起工作的同事不得不轮流使用该软件的硬件加密狗。于是，John Hunter便有了开发一个工具来替代当前所使用的软件的想法。当时MATLAB被广泛应用在生物医学界中，John Hunter最初是想开发一个基于MATLAB的版本，但是由于MATLAB的一些限制和不足，加上他本身对Python非常熟悉，于是就有了matplotlib的诞生。

所以，无论从名字上，还是从所提供的函数名称、参数及使用方法，matplotlib 都与MATLAB非常相似。对于一个MATLAB开发人员，使用matplotlib会相当得心应手。即使对不熟悉MATLAB的开发人员（譬如我），对其函数的使用也能够一目了然，而且matplotlib有着非常丰富的文档和实例，再加上本书的介绍，学习起来将会非常轻松。

matplotlib 命令提供了交互绘图的方式，在 Python 的交互式 shell 中，我们可以执行matplotlib命令来实时地绘制图形并对其进行修改。生成的图像可以保存成许多格式，这取决于其所使用的后端，但绝大多数后端都支持如png、pdf、ps、eps和svg等格式。

在本书中，作者对内容进行了整理，剔除了一些与章节联系不是很大的延伸内容，对排版也进行了修改，使得本书在内容编排上更加简洁紧凑。在本书中，作者还引入了pandas和Plot.ly。其中pandas是一个功能强大且高性能的数据分析工具。Plot.ly是一款非常优秀的在线图表工具，它非常注重图表的可操作性及分享。在内容上，第 2 版更加完整地涵盖了 Python 数据可视化领域用到的主流工具。限于篇幅，本书不可能对所有工具做完整详细的介绍，但本书所讲的工具能满足读者大部分的数据可视化需要，读者可以根据自己的需要有选择地深入学习。

在这里，我要特别感谢我的妻子董秋影，在精神和专业知识上，她都给予了我莫大的帮助，没有她就没有这本译稿的完成。她从事医疗图像算法工作，对各种图形和算法以及 MATLAB 都有很深的了解，本书的每一章都经过了她认真的审阅校对。最后，感谢人民邮电出版社武晓燕老师专业细心地审核，和武老师合作很轻松、很开心。

由于译者水平有限，错误和失误在所难免，如有任何意见和建议，请不吝指正，我将感激不尽。

颛清山

2018 年 1 月于 墨尔本

前言

最好的数据是我们能看到并理解的数据。作为开发人员和数据科学家，我们希望可以创造并构建出最全面且容易理解的可视化图形。然而这并非易事，我们需要找到数据，对它读取、清理、过滤，然后使用恰当的工具将其可视化。本书通过直接和简单（有时不那么简单）的方法解释了进行数据读取、清理以及可视化的流程。

本书涉及如何读取本地数据、远程数据、CSV、JSON 以及关系型数据库中的数据。

通过 matplotlib，我们能用一行简单的 Python 代码绘制出一些简单的图表，但是进行更高级的绘图还需要 Python 之外的其他知识。我们需要理解信息理论和人类的审美学来生成最吸引人的可视化效果。

本书将介绍在 Python 中使用 matplotlib 绘图的一些实战练习，以及不同图表特性的使用情况及其用法示例。

本书涵盖内容

第 1 章，准备工作环境，包括一些安装方法，以及如何在不同平台上安装所需的 Python 包和库的一些建议。

第 2 章，了解数据，介绍通用的数据格式，以及如何进行读写，读写的格式如 CSV、JSON、XSL 或者关系型数据库。

第 3 章，绘制并定制化图表，着手绘制简单的图表并涉及一些图表定制化的内容。

第 4 章，学习更多图表和定制化，继续上一章内容，介绍更多的高级表格和网格定制化。

第 5 章，创建 3D 可视化图表，介绍三维数据的可视化，如 3D 柱状图、3D 直方图，以及 matplotlib 动画。

第 6 章，用图像和地图绘制图表，涵盖图像处理、在地图上投射数据以及创建 CAPTCHA 测试图像。

第 7 章，使用正确的图表理解数据，涵盖一些更高级的绘图技术的讲解和实战练习，如频谱图和相关性图形。

第 8 章，更多的 matplotlib 知识，介绍一些图表如甘特图、箱线图，并且介绍如何在 matplotlib 中使用 LaTeX 渲染文本。

第 9 章，使用 Plot.ly 进行云端可视化，介绍如何使用 Plot.ly 在云端环境中创建和分享可视化图形。

准备工作

学习本书时，你需要在自己的操作系统上安装 Python 2.7.3 或更高版本。

本书用到的另一个软件包是 IPython，它是一个交互式的 Python 环境，功能非常强大、灵活。你可以通过基于 Linux 平台的包管理工具或者用于 Windows 和 Mac OS 系统的预安装文件安装它。

一般来说，如果你对 Python 的安装和相关软件的安装不熟悉，那么强烈推荐你使用预打包的 Python 科学发行包，如 Anaconda、Enthought Python 发行包或者 Python(x,y)进行安装。

其他所需的软件主要是一些 Python 安装包，读者可全部通过 Python 安装管理器 pip 进行安装。pip 本身通过 Python 的 easy_install 安装工具安装。

本书适合的读者

本书是为那些已经了解 Python 编程，并想学习如何使用实用的方法对手头的数据进行可视化的开发人员和数据科学家编写的。如果你对数据可视化有所耳闻，但却不知道从何着手，本书将会从头开始指导你如何了解数据、数据格式、数据可视化，以及如何使用 Python 可视化数据。

你需要知道一些一般的编程概念，如果你有编程经验会非常有帮助。本书中的代码几乎是逐行讲解的。阅读本书不需要任何数学知识，书中介绍的每一个概念都有详细的讲解。此外，本书还提供了一些参考资料，以供有兴趣的人员进一步阅读。

章节

在本书中，你会发现几个频繁出现的标题（准备工作、操作步骤、工作原理、补充说明、另请参阅）。

为了清楚地说明如何完成一个实战练习，我们包括以下几个小节。

准备工作

本节告诉你练习要达到的目的，以及完成练习所需的软件或其他准备工作。

操作步骤

本节包括练习中需要遵循的步骤。

工作原理

本节通常是对上节提到的内容进行详细的讲解。

补充说明

本节包括了一些练习相关的附加内容，以帮助读者对该练习有更深入的了解。

另请参阅

本节提供了练习相关的更多有用的信息。

体例约定

在本书中，不同的信息由一些不同体例的文本来区分。这里有一些文本体例的例子以及它们的含义解释。

书中的代码文字、数据库表名、文件夹名称、文件名、文件扩展名、路径名、模拟URL、用户输入和Twitter用户名的显示格式如下：“我们把小演示程序封装在DemoPIL类中，这样可以共享示例函数`run_fixed_filters_demo`的代码，并能很容易地对其进行扩展。”

代码块设置如下：

```
def _load_image(self, imfile):
```

```
    self.im = mplimage.imread(imfile)
```

当我们想要让你关注代码块中的某一特定部分时，相关的行或元素将设置为粗体：

```
for a in range(10):
    print a
```

所有的命令行输入或者输出的写法如下：

```
$ sudo python setup.py install
```

警告或者重要的说明出现在这样的一个文本框中。

表示提示和技巧。

读者反馈

我们欢迎读者的反馈意见。如果对本书有任何的想法，喜欢或者不喜欢哪些内容，都可以告诉我们。这些反馈意见对于帮助我们创作出对大家真正有所帮助的作品至关重要。

你可以将一般的反馈以电子邮件的形式发送到 feedback@packtpub.com，并在邮件主题中包含书名。

如果你在某一方面很有造诣，并且愿意著书或参与合著，可以参考我们的作者指南。

资源与支持

本书由异步社区出品，社区（https://www.epubit.com/）为您提供相关资源和后续服务。

配套资源

本书提供如下资源：

- 本书源代码；
- 书中彩图文件。

要获得以上配套资源，请在异步社区本书页面中点击 配套资源 ，跳转到下载界面，按提示进行操作即可。注意：为保证购书读者的权益，该操作会给出相关提示，要求输入提取码进行验证。

提交勘误

作者和编辑尽最大努力来确保书中内容的准确性，但难免会存在疏漏。欢迎您将发现的问题反馈给我们，帮助我们提升图书的质量。

当您发现错误时，请登录异步社区，按书名搜索，进入本书页面，点击“提交勘误”，输入勘误信息，单击“提交”按钮即可。本书的作者和编辑会对您提交的勘误进行审核，确认并接受后，您将获赠异步社区的 100 积分。积分可用于在异步社区兑换优惠券、样书或奖品。

详细信息 写书评 提交勘误

页码： 页内位置（行数）： 勘误印次：

字数统计

提交

扫码关注本书

扫描下方二维码，您将会在异步社区微信服务号中看到本书信息及相关的服务提示。

与我们联系

我们的联系邮箱是 contact@epubit.com.cn。

如果您对本书有任何疑问或建议，请您发邮件给我们，并请在邮件标题中注明本书书名，以便我们更高效地做出反馈。

如果您有兴趣出版图书、录制教学视频，或者参与图书翻译、技术审校等工作，可以发邮件给我们；有意出版图书的作者也可以到异步社区在线提交投稿（直接访问 www.epubit.com/selfpublish/submission 即可）。

如果您是学校、培训机构或企业，想批量购买本书或异步社区出版的其他图书，也可以发邮件给我们。

如果您在网上发现有针对异步社区出品图书的各种形式的盗版行为，包括对图书全部或部分内容的非授权传播，请您将怀疑有侵权行为的链接发邮件给我们。您的这一举动是对作者权益的保护，也是我们持续为您提供有价值的内容的动力之源。

关于异步社区和异步图书

“异步社区” 是人民邮电出版社旗下IT专业图书社区，致力于出版精品IT技术图书和相关学习产品，为作译者提供优质出版服务。异步社区创办于2015年8月，提供大量精品IT技术图书和电子书，以及高品质技术文章和视频课程。更多详情请访问异步社区官网https://www.epubit.com。

“异步图书” 是由异步社区编辑团队策划出版的精品IT专业图书的品牌，依托于人民邮电出版社近30年的计算机图书出版积累和专业编辑团队，相关图书在封面上印有异步图书的LOGO。异步图书的出版领域包括软件开发、大数据、AI、测试、前端、网络技术等。

异步社区

微信服务号

目录

第 1 章 准备工作环境

本章包含以下内容。

- 安装 matplotlib、NumPy 和 SciPy 库。
- 安装 virtualenv 和 virtualenvwrapper。
- 在 Mac OS X 上安装 matplotlib。
- 在 Windows 上安装 matplotlib。
- 安装 Python 图像处理库（Python Imaging Library，PIL）。
- 安装 requests 模块。
- 通过代码设置 matplotlib 的参数。
- 为项目设置 matplotlib 的参数。

1.1 介绍

本章介绍一些必备的工具类库，以及如何进行安装与配置。本章是后面章节的基础，掌握这部分内容十分必要。建议那些没有使用过 Python 进行数据处理、图像处理以及数据可视化经验的读者不要跳过本章。如果跳过，可以在需要安装配套工具软件或需要确定工程所支持的软件版本时，再返回本章阅读相关内容。

1.2 安装 matplotlib、Numpy 和 Scipy 库

本章介绍了 matplotlib 及其依赖的软件在 Linux 平台上的几种安装方法。

1.2.1 准备工作

这里假设你已经安装了 Linux 系统并且已安装好 Python（推荐使用 Debian/Ubuntu 或 RedHat/SciLinux)。在上面这些提到的Linux 系统发行版中，Python 通常是已经默认安装了的。如果没有，也可以使用标准的软件安装方式非常方便地进行安装。本书假设你安装的 Python 版本为 2.7 或以上。

几乎所有的代码均可在 Python 3.3 及以上版本的环境下工作，但是因为大部分操作系统提供的 Python 版本仍然是 2.7（甚至是 2.6)，本书代码基于 Python 2.7 版本。这种 Python 版本间的区别并不大，主要是在软件包版本和部分代码上存在差别（在 Python3.3 以上版本，请用 range 方法替换 xrange 方法)。

本书也假设读者知道如何使用操作系统的软件包管理工具进行软件包的安装，并且知道如何使用命令行终端。

构建 matplotlib 运行环境，需要满足相关软件依赖。

Matplotlib 的构建过程依赖 NumPy、libpng 和 freetype 软件包。要从源代码构建 matplotlib，必须先要安装好 NumPy 库。读者可以访问其官网了解安装 NumPy 库的方法（请安装 1.4 或以上版本，Python 3 需要 NumPy 1.5 或以上版本)。

NumPy 库提供处理大数据集的数据结构和数学方法。诸如元组、列表或字典等 Python 的默认数据结构同样可以很好地支持数据的插入、删除和连接。NumPy 的数据结构支持“矢量”操作，使用简便，同时具有很高的执行效率。矢量操作在实现时充分考虑了大数据的需要，基于 C 语言的实现方式也保证了执行效率。

基于 NumPy 构建的 SciPy 库，是 Python 的标准科学计算和数学计算工具包，包含了大量的专用函数和算法。而大部分函数和算法源自著名的 Netlib 软件仓库（参见其官网)，但实际上是使用 C 语言和 Fortran 语言实现的。

安装 NumPy 库的步骤如下。

（1）安装 Python-NumPy 软件包。

```
sudo apt-get install python-numpy
```

（2）检查软件包版本。

```
$ python -c 'import numpy; print numpy.__version__'
```

（3）安装所需的库。

- libpng 1.2：PNG 文件处理（依赖 zlib 库）。
- freetype 1.4+：处理 True type 字体。

```
$ sudo apt-get build-dep python-matplotlib
```

如果你使用的操作系统是 RedHat 或基于 RedHat 的 Linux 发行版（Fedora、SciLinux 或 CentOS），可以使用 yum 工具进行安装，方法与 apt-get 工具类似。

```
$ su -c 'yum-builddep python-matplotlib'
```

1.2.2　操作步骤

安装 matplotlib 及其依赖软件的方法有很多：从源代码安装、使用预编译完成的二进制文件安装、通过操作系统软件包管理工具安装，或安装内置了 matplotlib 的 python 预打包发布版本。

使用包管理工具大概是最简单的安装方式。例如在 Ubuntu 系统中，在命令行终端中输入以下命令：

```
# in your terminal, type:
$ sudo apt-get install python-numpy python-matplotlib python-scipy
```

如果读者期望使用 matplotlib 的最新特性，最佳选择是通过源代码进行安装。安装方式包含以下步骤：获取源代码、构建依赖库和参数配置、编译以及安装。

从代码托管站点 SourceForge 下载最新代码进行安装，操作步骤如下。

```
$ cd ~/Downloads/
$ wget https://downloads.sourceforge.net/project/matplotlib/matplotlib/
matplotlib-1.4.3/matplotlib-1.4.3.tar.gz①
$ tar xzf matplotlib-1.4.3.tar.gz
$ cd matplotlib-1.4.3
$ python setup.py build
```

① 作者给出的是 1.3.1 版本下载地址，应为作者笔误。此外，版本 1.4.3 是作者成书时的最新版本。——译者注

```
$ sudo python setup.py install
```

下载示例代码

如果你是在 Packt 官网上购买图书，你可以在网站上下载你所购所有图书的示例代码文件。如果你是在其他地方购得本书，可以访问官网进行注册，代码文件会通过电子邮件直接发送给你，你也可以在异步社区 www.epubit.com 上下载。

1.2.3 工作原理

这里我们使用标准的 Python 发布工具 Distutils 以从源代码安装 matplotlib。安装过程需要提前安装依赖的软件包。关于使用标准 Linux 包管理工具安装依赖软件的具体方法，可参考 1.2.1 节。

1.2.4 补充说明

针对不同的数据可视化项目，你可能需要安装一些额外的可选软件包。

无论在什么项目上工作，我们都推荐你安装 IPython。IPython 是一款交互式 Python 命令行工具，它已经提供了 matplotlib 库及其相关软件包（例如 NumPy 和 SciPy），你可以直接使用。IPython 工具的安装与使用方法十分简单明了，读者可通过 IPython 的官方网站查看相关细节。

1.3 安装 virtualenv 和 virtualenvwrapper

如果同时在多个项目上工作，或是需要在不同项目间频繁切换，你会发现将所有的软件都安装在操作系统层级上不是一个最佳选择。因为当需要在不同系统（产品环境）上运行软件时，这种方式会带来问题。如果此时才发现缺少特定的软件包，或是产品环境中已经安装的软件包存在版本冲突，将是非常痛苦的。为避免这种情况发生，可以选择使用 **virtualenv**。

virtualenv 是由 Ian Bicking 创建的开源项目。通过这个项目，开发人员可以把不同项目的工作环境隔离开，从而能够更容易地维护多种不同的软件包版本。

举例来说，有一个遗留 Django 网站系统是基于 Django 1.1 和 Python 2.3 版本开发的，但与此同时，一个新项目要求必须基于 Python2.6 来开发。在我工作过的项目中，根据项目的需要同时使用多个版本的 Python（以及相关软件包）的情况非常普遍。

virtualenv 能够让我们很容易地在不同的运行环境之间切换。如果需要切换到另外的机器或者需要在产品服务器（或客户的工作站主机）上部署软件，用 virtualenv 能够很容易地重新构建出相同的软件包环境。

1.3.1　准备工作

安装 virtualenv 需要用到 Python 和 pip。pip 是 Python 软件包的安装和管理工具，它是 easy_install 的替代工具。本书中大部分的软件包都是用 pip 工具进行管理的。只需在终端中以 root 身份执行如下命令，就可以很容易地完成 pip 的安装：

```
# easy_install pip
```

virtualenv 本身已经相当不错了，然而如果配合 virtualenvwrapper，一切会变得更加简单，并且组织多个虚拟环境的工作也会更加容易。virtualenvwrapper 的功能特性请参考其官网。

1.3.2　操作步骤

安装 virtualenv 和 virtualenvwrapper 工具的步骤如下。

（1）安装 virtualenv 和 virtualenvwrapper。

```
$ sudo pip install virtualenv
$ sudo pip install virtualenvwrapper
# 创建保存虚拟环境的目录，并使用 export 导出为环境变量.
$ export VIRTENV=~/.virtualenvs
$ mkdir -p $VIRTENV
# 使用 source 命令调用（执行）shell 脚本来激活它.
$ source /usr/local/bin/virtualenvwrapper.sh
# 创建一个虚拟环境
$ mkvirtualenv virt1
```

（2）在创建的 `virt1` 环境中安装 matplotlib。

```
(virt1)user1:~$ pip install matplotlib
```

（3）最好把以下代码添加到`~/.bashrc` 中。

```
source /usr/local/bin/virtualenvwrapper.sh
```

下面是一些有用的频繁使用的命令。

- `mkvirtualenv ENV`：创建名为 ENV 的虚拟环境并激活。
- `workon ENV`：激活先前创建的 ENV 虚拟环境。
- `deactivate`：退出当前虚拟环境。

pip 不但提供了安装软件包的方法，而且可以记录操作系统上安装的 Python 软件包及版本。命令 pip freeze 能打印出当前环境所安装的软件包和版本号。

```
$ pip freeze
matplotlib==1.4.3
mock==1.0.1
nose==1.3.6
numpy==1.9.2
pyparsing==2.0.3
python-dateutil==2.4.2
pytz==2015.2
six==1.9.0
wsgiref==0.1.2
```

我们看到，即使我们只安装了 matplotlib，仍然有许多其他软件包被安装到系统中。除去 pip 本身依赖的 wsgiref，其他的都是 matplotlib 依赖的软件包，它们随着 matplotlib 被自动安装进来。

当把项目从一个环境（很有可能是一个虚拟环境）迁移到另一个环境中时，目标环境同样需要安装所有必须的软件包（和源环境相同版本），来保证代码能正常运行。如果两个不同的环境包含不同的软件包、甚至是相同软件包的不同版本，是非常容易出问题的。这会导致程序执行过程中的冲突或者无法预期的行为。

为了避免这个问题，pip freeze 可以用来保存一份当前环境配置的复制文件。以下命令会把命令的结果保存到 requirements.txt 文件中：

```
$ pip freeze > requirements.txt
```

这个文件可以用来在新环境上安装所有必需的库：

```
$ pip install -r requirements.txt
```

运行以上命令，所有必需的软件包的指定版本会被自动安装到系统中。这样我们就确保了代码运行的环境始终是一致的。为每一个开发项目创建一个虚拟环境和一个 requirements.txt 文件是一个非常好的实践。因此建议读者在安装软件包前先创建一个新的虚拟环境，以避免和其他项目发生冲突。

下面是从一个机器迁移到另一个机器的全部流程。

◆ 在机器 1 上：

```
$ mkvirtualenv env1
(env1)$ pip install matplotlib
(env1)$ pip freeze > requirements.txt
```

◆ 在机器 2 上：

```
$ mkvirtualenv env2
(env2)$ pip install -r requirements.txt
```

1.4 在 Mac OS X 上安装 matplotlib

在 Mac OS X 上获取 matplotlib 最简便的方式是使用预打包的 python 发布版本，例如 Enthought Python Distribution（EPD）。读者可以直接访问 EPD 网站，下载并安装操作系统对应的最新稳定版。

倘若 EPD 软件不满足要求，或者因为其他一些原因（如版本问题）而无法使用，也可以用手动（麻烦点）的方式安装 Python、matplotlib 和其依赖软件。

1.4.1 准备工作

对于 Apple 没有在操作系统中预装的软件，包括 Python 和 matplotlib，Homebrew（或者 MacPorts）项目可以使其安装过程变得很容易。实际上，Homebrew 是基于 Ruby 和 Git 的，可以被自动下载和安装。软件安装顺序为：首先安装 Homebrew，之后安装 Python，随后安装诸如 virtualenv 的工具软件，接下来安装 matplotlib 的依赖（NumPy 和 SciPy），最后安装 matplotlib。接下来就开始吧。

1.4.2 操作步骤

（1）在终端中输入并执行下面的命令。

```
ruby -e "$(curl -fsSL https://raw.githubusercontent.com/Homebrew/
install/master/install)"
```

命令执行完成后，试着运行 brew update 或 brew doctor 命令来检查 brew 是否能够正常工作。

（2）然后，将 `Homebrew` 目录添加到系统 path 环境变量中。这样，使用 Homebrew 安装的软件包能够获得比其他版本更高的优先级。打开`~/.bash_profile`文件（或者`/Users/[your-user-name]/.bash_profile`）并在文件末尾添加以下代码。

```
export PATH=/usr/local/bin:$PATH
```

（3）重新启动命令行终端使其加载新的 path 环境变量。之后，以下这行简单的代码就可以完成 Python 的安装。

```
brew install python --framework -universal
```

本命令同时也将安装 Python 所需的其他软件。

（4）更新 path 环境变量（添加到同一行）。

```
export PATH=/usr/local/share/python:/usr/local/bin:$PATH
```

（5）在命令行输入 `python -version`，检查 python 是否安装成功。

正常的话，会看到 Python 版本信息为 2.7.3。

（6）pip 应该也已经安装完毕。如果还没有，可使用 `easy_install` 安装 pip。

```
$ easy_install pip
```

（7）这时，任何所需软件包的安装过程就变得非常简单了。例如，安装 virtualenv 和 virtualenvwrapper：

```
pip install virtualenv
pip install virtualenvwrapper
```

（8）是时候向一直以来的目标迈进了——安装 matplotlib。

```
pip install numpy
brew install gfortran
pip install scipy
```

（9）检查安装是否成功，启动 Python 并执行以下命令。

```
import numpy
print numpy.__version__
import scipy
print scipy.__version__
quit()
```

（10）安装 matplotlib。

```
pip install matplotlib
```

1.5　在 Windows 上安装 matplotlib

在本节中，我们将演示如何安装 Python 和 matplotlib。这里假设系统中没有预先安装 Python。

1.5.1　准备工作

在 Windows 上安装 matplotlib 有两种方式。最简单的方式是安装预打包的 Python 环境，如 EPD、Anaconda、SageMath 和 Python(x,y)。这也是本书推荐的安装方式，尤其对于初学者来说。第二种方式是使用预编译的二进制文件来安装 matplotlib 和依赖软件包。这里需要注意安装的 NumPy 和 SciPy 的版本，因为并非所有的版本都与最新版 matplotlib 二进制文件相互兼容，这势必会给整个安装过程带来一些困难。这种安装方法也有自身的优势，如果想要获取最新功能，即使功能还未正式发布，仍然能够通过编译 matplotlib 或某软件库的某个特定版本来使用它。

1.5.2　操作步骤

要安装免费或商业 Python 科学发布版，按照其项目网站上提供的步骤可以很容易安装成功，这也是推荐使用的安装方式。

如果单纯使用 matplotlib，不期望被 Python 和依赖软件包版本所困扰，可以考虑使用 Enthought Python Distribution（EPD）发布版。使用 matplotlib 所需的预打包库和所有必须的依赖软件（SciPy、NumPy、IPython 以及其他）均已包含在 EPD 发布版中。

通常，先下载安装 Windows Installer 安装文件（*.exe），然后就可以使用 matplotlib 来做本书中的练习了。

Python(x,y)是针对 Windows 32 位系统的免费科学计算项目，其中包含了 matplotlib 需要使用的依赖文件，它是在 Windows 系统上安装 matplotlib 的一种非常简单（而且是免费的）的方式。因为 Python(x,y)和 Python 模块安装器相互兼容，所以可以很容易地在 Python (x,y)基础上扩展安装其他 Python 库。在安装 Python(x,y)之前请确保系统没有安装 Python。

下面简短地说明一下如何使用预编译的 Python、NumPy、SciPy 和 matplotlib 二进制文件进行 matplotlib 的安装。

（1）首先，下载官方的.msi 安装文件安装对应平台（x86 或 x86-64）的标准 Python 程序。

（2）然后，下载并安装 NumPy 和 SciPy 的官方二进制文件。

（3）在正确安装 NumPy 和 SciPy 之后，下载最新稳定版 matplotlib 二进制安装文件，并按照官方说明进行安装。

1.5.3　补充说明

请注意，在 Windows 安装文件中 matplotlib 的示例相当有限。如果想尝试使用示例程序，可以下载并参考 matplotlib 源文件包中的 examples 子目录。

1.6 安装图像处理工具：Python 图像库（PIL）

Python 图像库（PIL）为 Python 提供了图像处理能力。PIL 支持的文件格式相当广泛，在图像处理领域提供了相当强大的功能。

快速数据访问、点运算（point operations）、滤波（filtering）、图像缩放、旋转、任意仿射转换（arbitrary affine transforms）是 PIL 中一些应用非常广泛的特性。例如，图像的统计数据即可通过 histogram 方法获得。

PIL 同样可以应用在其他方面，如批量处理、图像压缩、缩略图生成、图像格式转换以及图像打印。

PIL 可以读取多种图像格式，而图像写入支持的格式范围限定在图像交换和展示方面最通用的格式（有意为之）。

1.6.1 操作步骤

最容易也是最值得推荐的方式，是通过操作系统平台的包管理工具进行安装。

在 Debian/Ubuntu 系统中安装的命令如下。

```
$ sudo apt-get build-dep python-imaging
$ sudo pip install http://effbot.org/downloads/Imaging-1.1.7.tar.gz
```

1.6.2 安装过程说明

我们通过 `apt-get` 系统工具安装 PIL 所需的所有依赖软件，并通过 pip 安装 PIL 的最新稳定版本。一些老版本的 Ubuntu 系统通常没有提供 PIL 的最新发布版本。

在 RedHat/SciLinux 系统中，安装命令如下。

```
# yum install python-imaging
# yum install freetype-devel
# pip install PIL
```

1.6.3 补充说明

有一个专门针对 PIL 编写的在线手册。读者可以访问其官网进行阅读，或是下载 PDF 版本。

Pillow 是 PIL 的一个分支，其主要目的是解决安装过程中的一些问题。Pillow 很容易安装（在写作本书期间，`Pillow` 是 OS X 系统上的唯一选择）。

在 Windows 平台上，可使用二进制安装文件安装 PIL。下载.exe 安装文件，执行该文件将安装 PIL 到 Python 的 site-packages 目录。

如果需要在虚拟环境下使用 PIL，可手动将 `PIL.pth` 文件和位于 `C:\Python27\Lib\site-packages` 下的 PIL 目录复制到 virtualenv 的 site-packages 目录下。

1.7 安装 requests 模块

我们需要的大部分数据都可以通过 HTTP 或类似协议获得，因此我们需要一些工具来实现数据访问。Python 的 requests 库能让这部分工作变得轻松起来。

虽然 Python 提供的 `urllib2` 模块提供了访问远程资源的能力以及对 HTTP 协议的支持，但使用该模块完成一些基本任务的工作量还是很大的。

requests 模块提供新的 API，减轻了使用 Web 服务的痛苦，使其变得更直接。requests 封装了很多 HTTP 1.1 的内容，仅在需要实现非默认行为时才暴露相关内容。

1.7.1 操作步骤

安装 `requests` 模块最好的方式是使用 pip，安装命令如下。

```
$ pip install requests
```

如果并不是所有项目都需要 requests，或是不同的项目需要使用不同版本的 requests，也可以在 virtualenv 虚拟环境中执行该安装命令。

为了让读者很快地熟悉 requests 的功能，下面给出一个使用 requests 的小例子。

```
import requests
r = requests.get('http://github.com/timeline.json')
print r.content
```

1.7.2 requests 使用说明

在本例中，我们向 GitHub 站点的 URI 发送 `HTTP GET` 请求，以 JSON 格式返回了 GitHub 网站的活动时间表（也可以通过访问官网得到 HTML 版本的活动时间表）。在成功读取 HTTP 响应后，对象 r 包含了 HTTP 响应内容以及其他属性信息（HTTP 状态码、cookies、HTTP 头元数据，甚至包括当前响应所对应的请求信息）。

1.8 在代码中配置 matplotlib 参数

matplotlib 库提供了强大的绘图功能，是本书使用最多的 Python 库。在其配置文件即.rc 文件中，已经为大部分属性设定了默认值。本节会介绍如何通过应用程序代码修改 matplotlib 的相关属性值。

1.8.1 准备工作

如前所述，matplotlib 配置信息是从配置文件读取的。在配置文件中可以为 matplotlib 的几乎所有的属性指定永久有效的默认值。

1.8.2 操作步骤

在代码执行过程中，有两种方式可以更改运行参数：使用参数字典（rcParams）或调用 matplotlib.rc()命令。在第一种方式中，我们可以通过 rcParams 字典访问并修改所有已经加载的配置项；在第二种方式中，我们可以通过向 matlotlib.rc()传入属性的关键字元组来修改配置项。

如果需要重置动态修改后的配置参数，可以调用 matplotlib.rcdefaults()将配置重置为标准设置。

下面两段代码演示了上面介绍的方式。

◆ 使用 matplotlib.rcParams 的例子。

```
import matplotlib as mpl
mpl.rcParams['lines.linewidth'] = 2
mpl.rcParams['lines.color'] = 'r'
```

◆ 使用 matplotlib.rc()函数调用的例子。

```
import matplotlib as mpl
mpl.rc('lines', linewidth=2, color='r')
```

上面两个例子具有相同的语义。第二个例子中，我们设定后续的所有图形使用的线条宽度为 2 个点。第一个例子中的最后一条语句表明，除非用本地设置覆盖它，否则该语句之后的所有线条的颜色均为红色。请看下面的例子。

```
import matplotlib.pyplot as plt
import numpy as np
```

```
t = np.arange(0.0, 1.0, 0.01)

s = np.sin(2 * np.pi * t)
# 设置线条颜色为红色
plt.rcParams['lines.color'] = 'r'
plt.plot(t,s)

c = np.cos(2 * np.pi * t)
# 设置线宽
plt.rcParams['lines.linewidth'] = '3'
plt.plot(t,c)

plt.show()
```

1.8.3　代码解析

首先，为了绘制正弦和余弦曲线，我们导入了 matplotlib.pyplot 和 NumPy 模块。在绘制第一个图像之前，通过 plt.rcParams['lines.color']= 'r'语句显式地设置线条颜色为红色。接下来，对于第二个图像（余弦曲线），通过语句 plt.rcParams['lines.linewidth'] = '3'显式地设定线宽为 3 个点。

调用 matplotlib.rcdefaults()方法可以重置该设置。

在本节中，我们看到如何通过动态改变配置参数来改变 matplotlib 图表的风格。matplotlib.rcParams 对象是我们修改参数的接口，对于 matplotlib 它是全局的对象，任何对它的改变都会影响接下来绘制的所有图表。

1.9　为项目设置 matplotlib 参数

本节介绍 matplotlib 使用的各种配置文件的位置，以及这些配置文件的意义，同时还将介绍配置文件中的具体配置项。

1.9.1　准备工作

如果不想在每次使用 matplotlib 时都在代码开始部分进行配置（像 1.8 节我们做的那样），就需要为不同的项目设定不同的默认配置项。本节将介绍如何做到这一点。这种配置方式使得配置项与代码分离，从而使代码更加整洁。此外，你可以很容易在同事间甚至项目间分享配置模板。

1.9.2 操作步骤

如果一个项目中对于 matplotlib 的特性参数总会设置相同的值，就没有必要在每次编写新的绘图代码时都进行相同的配置。取而代之的，应该是在代码之外，使用一个永久的文件设定 matplotlib 参数默认值。

通过 matplotlibrc 配置文件，matplotlib 提供了对这种配置方式的支持。在 matplotlibrc 文件中包含了绝大部分可以变更的属性。

1.9.3 配置过程说明

配置文件可能存在于 3 个不同的位置，而它们的位置决定了它们的应用范围。这 3 个位置说明分别如下。

- 当前工作目录：即代码运行的目录。在当前目录下，可以为目录所包含的当前项目代码定制 matplotlib 配置项。配置文件的文件名是 `matplotlibrc`。
- 用户级.matplotlib/matplotlibrc 文件：通常是在用户的`$HOME` 目录下（在 `Windows` 系统中，也就是 `Documents and Settings` 目录）。可以用 `matplotlib.get_configdir()`命令来找到当前用户的配置文件目录。请参考随后的命令示例。
- 安装级配置文件：通常在 python 的 site-packages 目录下。这是系统级配置，不过在每次重新安装 matplotlib 后，配置文件会被覆盖。因此如果希望保持持久有效的配置，最好选择在用户级配置文件中进行设置。对于笔者来说，目前对本配置文件的最佳应用方式是将其作为默认配置模板。如果在用户级配置文件比较混乱，或者需要为新项目做全新配置时，可以基于该配置文件进行设置。

在 shell 中运行下面的命令，即可打印出配置文件目录的位置：

```
$ python -c 'import matplotlib as mpl; print mpl.get_configdir()'
```

配置文件包括以下配置项。

- axes：设置坐标轴边界和表面的颜色、坐标刻度值大小和网格的显示。
- backend：设置目标输出 `TkAgg` 和 `GTKAgg`。
- figure：控制 DPI（像素/英寸）、边界颜色、图形大小和子区（subplot）设置。
- font：字体集（font family）、字体大小和样式设置。
- grid：设置网格颜色和线型。

- legend：设置图例和其中文本的显示。
- lines：设置线条（颜色、线型、宽度等）和标记。
- patch：是填充 2D 空间的图形对象，如多边形和圆。控制线宽、颜色和抗锯齿设置等。
- savefig：可以对保存的图形进行单独设置。例如，设置渲染的文件的背景为白色。
- text：设置字体颜色、文本解析（纯文本或 latex 标记）等。
- verbose：设置 matplotlib 在执行期间信息输出，如 silent、helpful、debug 和 debug-annoying。
- xticks 和 yticks：为 x、y 轴的主刻度和次刻度设置颜色、大小、方向，以及标签大小。

1.9.4　补充说明

如果你想了解前面提到的（和我们没有提到的）每个设置的详细信息，最好的方式是访问 matplotlib 项目的网站，那里提供了最新的 API 文档。如果需要获得进一步帮助，可以在用户和开发邮件组留言。本书最后也提供了一些有用的在线资源。

第2章 了解数据

本章包含以下内容。

- 从 CSV 文件导入数据。
- 从 Microsoft Excel 文件导入数据。
- 从定宽数据文件导入数据。
- 从制表符分隔的文件导入数据。
- 从 JSON 数据源导入数据。
- 导出数据到 JSON、CSV 和 Excel。
- 用 Pandas 导入和操作数据。
- 从数据库导入数据。
- 清理异常值。
- 读取大块数据文件。
- 读取流数据源。
- 导入图像数据到 NumPy 数组。
- 生成可控的随机数据集合。
- 真实数据的噪声平滑处理。

2.1 简介

本章涵盖了导入和导出各种格式数据的基本知识。我们首先介绍如何仅通过 Python 标准库导入数据，然后介绍强大的 Pandas 库，后者已经是在 Python 中进行数据操作的事实标准库。除此之外，本章还会涵盖几种清理数据的方式，比如值的归一化处理、缺失数据的添加、实时数据检查以及一些类似的技巧，来为可视化准备正确的数据。

2.2 从 CSV 文件导入数据

在本节中，我们将处理每个人都能接触到的最常用的文件格式——CSV。CSV[①]是指逗号分隔的值（文件中还包括一个文件头，也是以逗号分隔的）。

Python 中有个 `csv` 模块支持读写各种方言格式的 CSV 文件。熟悉方言是很重要的，因为没有一个统一的 CSV 标准，不同的应用实现 CSV 的方式略有不同。当看到文件内容的时候，往往就能很容易地辨认出文件使用的是哪种方言。

2.2.1 准备工作

在本节中，我们把 `ch02-data.csv` 文件的内容用作示例数据，你可以把它下载到本地。

我们假定示例数据文件和读取数据文件的代码在相同目录下。

2.2.2 操作步骤

下面的示例代码解释了如何从 CSV 文件导入数据，步骤如下。

（1）打开 `ch02-data.csv` 文件。

（2）首先读取文件头。

（3）然后读取剩余行。

（4）当发生错误时抛出异常。

（5）读取完所有内容后，打印文件头和其余所有行。

① CSV 的英文全称为 Comma Separated Values。——译者注

代码如下：

```
import csv

filename = 'ch02-data.csv'

data = []
try:
    with open(filename) as f:
        reader = csv.reader(f)
        header = reader.next()
        data = [row for row in reader]
except csv.Error as e:
    print "Error reading CSV file at line %s: %s" % (reader.line_num,
e)
    sys.exit(-1)
if header:
    print header
    print '=================='

for datarow in data:
    print datarow
```

2.2.3 工作原理

首先，导入 csv 模块以便能访问所需的方法。然后，用 with 语句打开数据文件并把它绑定到对象 f。不必操心在操作完资源后去关闭数据文件，因为 with 语句的上下文管理器会帮助处理。这在操作资源型文件时非常方便，因为它能确保在代码块执行完毕后资源会被释放掉（比如关闭文件）。

然后，用 csv.reader()方法返回 reader 对象，通过该对象遍历所读取文件的所有行。在这里，每行内容不过是一个值列表，在循环中被打印出来。

文件的第一行是文件头，用来描述文件中每列的数据，在读取时多少有些不同。文件头并不是必需的，有些 CSV 文件就不带文件头，但是它们确实是提供数据集合的最小元数据信息的一个不错的方式。然而，有时候会碰到用分隔的文本或者仅用作元数据的 CSV 文件，来描述数据格式和附加数据的情况。

此时只能打开文件来看看第一行是数据头还是数据（例如查看文件的前几行）。这在 Linux 系统上用 bash 命令如 head 可以很容易做到，格式如下所示。

```
$ head some_file.csv
```

在遍历数据时，我们把第一行存储为文件头，把其他行添加到数据列表中。

我们也可以通过 csv.has_header 方法检查.csv 文件是否包含文件头。

读取文件时一旦出了问题，csv.reader()方法会生成错误信息。我们可以捕获这些错误信息，然后给用户打印出有用的信息，以帮助用户发现问题。

2.2.4 补充说明

如果想了解 csv 模块的来龙去脉，可以看一下 PEP 文档中的《CSV 文件 API》。

如果想加载大数据文件，明智的做法通常是使用一些著名的库如 NumPy 的 loadtxt() 方法，这个方法可以很好地处理 CSV 大数据文件。

基本用法非常简单，如下面的代码段所示。

```
import numpy
data = numpy.loadtxt('ch02-data.csv',dtype='string', delimiter=',')
```

值得注意的是，我们需要为 NumPy 定义分隔符，以便让 NumPy 能正确地分隔数据。numpy.loadtxt()方法比类似的 numpy.genfromtxt()方法要快一些，但是后者能更好地处理缺失数据，而且在处理已加载文件的某些列时，可以使用一些方法来做些额外的事情。

目前，在 Python 2.7.x 版本中，csv 模块不支持 Unicode 编码，必须把读取的数据显式地转换成可打印的 UTF-8 或者 ASCII 编码。官方的 Python CSV 文档提供了一些解决数据编码问题的很好的示例。
Python 3.3 及后续版本默认支持 Unicode 编码，不存在此类问题。

2.3 从 Microsoft Excel 文件导入数据

虽然 Microsoft Excel 支持一些画图操作，但如果需要更加灵活和强大的可视化效果，就需要把数据从表单导出到 Python 中来做进一步的处理。

从 Excel 文件导入数据的通常做法是把数据从 Excel 导出到 CSV 格式的文件中，然后用上节中提到的方法使用 Python 从 CSV 文件导入数据。如果只有一两个文件（并且安装了 Microsoft Excel 或者 OpenOffice.org），事情就相当简单。但是如果想自动化地对大量文件进行数据管道处理（作为数据连续处理流程的一部分），那么手动地把每个 Excel 文件转换成 CSV 文件的做法就行不通了。因此，我们需要一种方法来读取 Excel 文件。

通过 www.python-excel.org 项目提供的软件包，Python 可以很好地支持 Excel 文

件的读写操作。Python 对读操作和写操作的支持是通过不同模块实现的，而且与平台无关。换言之，我们不必为了读取 Excel 文件而必须要在 Windows 平台上工作。

Microsoft Excel 文件格式随着时间发生着变化，不同的 Python 库对其都有相应的支持。在写作本书时，XLRD 最新的稳定版本是 0.90，它已经支持读取`.xlsx`文件了。

2.3.1 准备工作

首先，我们需要安装所需的模块，在这个例子中我们将使用`xlrd`模块。我们将用`pip`在虚拟环境中安装此模块。

```
$ mkvirtualenv xlrdexample
(xlrdexample)$ pip install xlrd
```

安装完毕后，我们将用`ch02-xlsxdata.xlsx`示例文件做演示。

2.3.2 操作步骤

接下来的示例代码将展示如何从已知的 Excel 文件中读取一个样本数据集合。操作步骤如下。

（1）打开文件的工作簿。

（2）根据名称找到工作表。

（3）根据行数（nrows）和列数（ncols）读取单元格的内容。

（4）因为只是用作演示，本例仅打印出了读取的数据集合。

实现代码如下：

```
import xlrd

file = 'ch02-xlsxdata.xlsx'

wb = xlrd.open_workbook(filename=file)

ws = wb.sheet_by_name('Sheet1')

dataset = []

for r in xrange(ws.nrows):
    col = []
    for c in range(ws.ncols):
        col.append(ws.cell(r, c).value)
```

```
    dataset.append(col)

from pprint import pprint
pprint(dataset)
```

2.3.3 工作原理

让我们试着解释一下 xlrd 模块使用的简单对象模型。在最上层是一个包含一个或多个工作表（xlrd.sheet.Sheet）的工作簿（Python 类 xlrd.book.Book)。每个工作表有一个单元格对象（xlrd.sheet.Cell)，我们能从单元格中将值读取出来。

通过调用 open_workbook()方法，我们从文件中加载了一个工作簿，并返回一个 xlrd.book 实例。Book 实例包含了一个工作簿的所有信息，如工作表单。通过调用 sheet_by_name()方法可以访问指定的工作表，如果需要所有的工作表，可以调用 sheets() 方法。sheets() 方法返回一个 xlrd.sheet.Sheet 实例的列表。xlrd.sheet.Sheet 类有行和列属性，我们能通过这些属性来指定循环的范围，并通过调用 cell()方法来访问工作表中的每个特定的单元格。虽然有一个 xrld.sheet.Cell 类，但并不需要直接使用它。

请注意，日期是以浮点数而不是以某个日期类型存储的。但是，xlrd 模块有能力检查数据的值，并推断出数据值实际上是否为一个日期。这样，我们就能通过检查单元格类型来得到 Python date 对象。如果数字的字符串像日期，xlrd 模块将返回 xlrd.XL_CELL_DATE 作为单元格类型。这里用一段代码来说明这一点：

```
from datetime import datetime
from xlrd import open_workbook, xldate_as_tuple
...
cell = sheet.cell(1, 0)
print cell
print cell.value
print cell.ctype
if cell.ctype == xlrd.XL_CELL_DATE:
    date_value = xldate_as_tuple(cell.value, book.datemode)
    print datetime(*date_value)
```

这个日期字段还有些问题。如果需要针对日期做大量的工作，请参见官方文档和邮件列表。

2.3.4 补充说明

xlrd 模块的一个非常好的特性是它能按照需要仅加载文件的部分内容到内存中。

open_workbook 方法有一个 on_demand 参数，在调用时把它置为 True，工作表就能按需加载了。例如：

```
book = open_workbook('large.xls', on_demand=True)
```

本节没有提到 Excel 文件的写操作。一部分原因是后面会有单独的一节去讲述它，另一部分原因是 Excel 的写操作需要另一个不同的模块——xlwt 来完成。你可以从 2.7 节获得更多的信息。

如果需要一些在前面介绍的例子和模块中没有涉及的特定用法，PyPi 上有一个操作工作表的其他 Python 模块的列表，也许对你有帮助。

2.4 从定宽数据文件导入数据

事件的日志文件和基于时间序列的文件是数据可视化中最常见的数据源。有时候，可以通过制表符分隔数据这种 CSV 方言来读取它们，但有时它们并不是通过任何特殊字符都能分隔的。实际上，这些文件中的字段是有固定宽度的，我们能通过格式来匹配并提取数据。

一种做法是逐行读取文件，然后用字符串操作方法把字符串分割成独立的部分。这种做法比较直接，如果性能不是问题的话可以作为首选。

如果性能更重要，或者要解析的文件非常大（几百兆字节），Python 中的 struct 模块能提升性能，因为这个模块是用 C 语言而不是 Python 实现的。

2.4.1 准备工作

因为 struct 模块是 Python 标准库的一部分，所以不必安装额外的软件来完成本节的内容。

2.4.2 操作步骤

我们将会使用一个预先生成的数据集合，其中有 100 万行定宽数据记录。样本数据格式如下：

```
...
207152670 3984356804116 9532
427053180 1466959270421 5338
316700885 9726131532544 4920
138359697 3286515244210 7400
```

```
476953136 0921567802830 4214
213420370 6459362591178 0546
...
```

这个数据集合是通过代码生成的，代码文件 ch02-generate_f_data.py 可以在本章的代码库中找到。

现在可以读取数据了，步骤如下。

（1）指定要读取的数据文件。

（2）定义数据读取的方式。

（3）逐行读取文件并根据格式把每行解析成单独的数据字段。

（4）按单独数据字段的形式打印每一行。

实现代码如下：

```
import struct
import string

datafile = 'ch02-fixed-width-1M.data'

# this is where we define how to
# understand line of data from the file
mask='9s14s5s'

with open(datafile, 'r') as f:
    for line in f:
        fields = struct.Struct(mask).unpack_from(line)
        print 'fields: ', [field.strip() for field in fields]
```

2.4.3 工作原理

我们按照在数据文件中看到的格式定义格式掩码。可以用 head、more 或者类似的 Linux shell 命令来查看文件内容。

字符串格式用来定义要提取的数据的期望显示格式。我们用格式字符定义数据类型。因此，如果掩码定义为 9s15s5s，我们可以读作“9 个字符宽度的字符串，跟着一个 15 个字符宽度的字符串，再跟上一个 5 个字符宽度的字符串”。

一般来说，c 定义为字符（C 语言中的 char 类型）或者长度为 1 的字符串，s 定义为字符串（C 语言中的 char[]类型），d 定义为浮点数（C 语言中的 double 类型），以此类推。在 Python 官方网站上有完整的对应表，详见官网。

然后逐行读取文件内容，并通过 unpack_from 方法按照指定的格式解析每一行。因为在字段前面（或者后面）可能有多余的空格，用 strip() 方法可以去掉每个字段的前导和后导空格。

对于解包，可以使用 struct.Struct 类的面向对象（object-oriented, OO）的方式，但也可以像下面的代码这样使用非面向对象的方式：

```
fields = struct.unpack_from(mask, line)
```

两种方式唯一的不同是使用的模式。如果想用相同的格式化掩码执行更多的操作，面向对象的方法可以不必在每次调用时声明格式。而且，在将来我们可以继承 struct.Struct 类，为特定需求进行扩展或者提供额外的功能。

2.5 从制表符分隔的文件中读取数据

另一种常见的平坦数据文件（flat datafile）格式是制表符分隔的文件。它可能导出自 Excel 文件，也可能是一些定制软件的输出。

庆幸的是，通常我们可以按与 CSV 文件几乎相同的方式来读取这种格式的文件内容。因为 Python 的 csv 模块支持的方言能让我们用相同的原则来读取相似文件格式的变体——其中一种就是制表符分割格式。

2.5.1 准备工作

此时假定我们已经知道如何读取 CSV 文件。如果还不清楚，请先参见 2.2 节。

2.5.2 操作步骤

我们将重用 2.2 节中的代码，这里只需要改动一下使用的方言。

```
import csv

filename = 'ch02-data.tab'

data = []
try:
    with open(filename) as f:
        reader = csv.reader(f, dialect=csv.excel_tab)
       header = reader.next()
       data = [row for row in reader]
except csv.Error as e:
```

```
        print "Error reading CSV file at line %s: %s" % (reader.line_num, e)
        sys.exit(-1)

if header:
    print header
    print '==================='

for datarow in data:
    print datarow
```

2.5.3 工作原理

除了实例化 csv 读对象的一行代码不同，上述代码和 2.2 节中的代码非常相似。在那行代码中，我们指定 dialect 参数为 excel_tab 方言。

2.5.4 补充说明

基于 CSV 格式读取数据的方式没有办法处理有“脏数据”的情况。换言之，如果有几行不是仅以换行符结尾，而是有多余的\t（制表符）标记，这时就需要在切分前对特殊行的数据进行单独清理。ch02-data-dirty.tab 是含有“脏数据”的制表符分隔的文件，下面的示例代码在读取文件数据时对“脏数据”进行了清理：

```
datafile = 'ch02-data-dirty.tab'

with open(datafile, 'r') as f:
    for line in f:
        # remove next comment to see line before cleanup
        # print 'DIRTY: ', line.split('\t')

        # we remove any space in line start or end
        line = line.strip()

        # now we split the line by tab delimiter
        print line.split('\t')
```

我们看到了另一种分隔字段的方式——使用 split('\t') 方法。

与使用 csv 模块的方式相比，split() 方法的优势体现在：仅仅通过改变方言就可以重用相同的代码来读取数据。至于如何检测方言，可以根据文件扩展名（.csv 和 .tab）或者其他一些方法（比如使用 csv.Sniffer 类）来判断。

2.6 从 JSON 数据源导入数据

本节将展示如何读取 JSON 格式的数据。此外，我们将会使用一个远程数据源。这会让本节的内容有点复杂，但同时也会使其更加实用，因为在现实世界中，我们会更多地遇到远程数据源，而不是本地数据。

JavaScript Object Notation（JSON）作为一种平台无关的格式被广泛地应用于系统间或者应用间的数据交换。

本节中，资源是我们可以读取的任何东西，可以是一个文件或者一个 URL 端点（可以是远程进程/程序的输出，或者一个远程静态文件）。简言之，我们不关心谁产生了数据源以及是怎么产生的，我们只需要它是 JSON 格式的。

2.6.1 准备工作

开始之前，需要安装 requests 模块，并确保可以导入到我们的虚拟环境中（在 PYTHONPATH 中）。在第 1 章中，我们已经安装了这个模块。

我们还需要能够连接网络来读取一个远程数据源。

2.6.2 操作步骤

在下述示例代码中，我们读取并解析 GitHub 网站的最近活动时间表[①]，操作步骤如下。

（1）指定 GitHub URL 来读取 JSON 格式数据。

（2）使用 requests 模块访问指定的 URL 并获取内容。

（3）读取内容并将之转化为 JSON 格式的对象。

```
import requests
from pprint import pprint
 url = 'https://api.github.com/users/justglowing'
 r = requests.get(url)
 json_obj = r.json()pprint(json_obj)
```

2.6.3 工作原理

首先，用 requests 模块获取远程资源。requests 模块提供了简单的 API 来定义 HTTP 谓词，我们只需要触发 get() 方法调用，非常地简单明了。该方法获取到数据和请

① 在第 1 版的例子中用的是 GitHub 活动时间表，但这一版的例子是 GitHub 用户 justglowing 的基本信息。——译者注

求元数据后，把它们封装到 Response 对象。在本节，我们只关心 Response.json() 方法，这个方法可以读取 Response.content 的内容，按照 JSON 格式解析并加载到 JSON 对象中。

有了 JSON 对象后，我们接下来处理数据。在开始之前，我们需要了解 JSON 数据的格式。你可以用自己喜欢的浏览器或者命令行工具如 wget 或 curl 打开并查看 JSON 数据。

另一种方式是在 IPython 中获取数据，并以交互的方式查看输出。在 IPython 中用命令 %run program_name.py 运行程序。执行完毕后会得到程序生成的所有变量，可以使用 %who 或者 %whos 把它们列出来。

通过上述方法，我们了解了 JSON 数据的结构，并可以找到那些我们感兴趣的部分。

JSON 对象基本上就是一个 Python 字典（或者说得更复杂些，字典的字典），我们能用大家熟知的基于键的符号来访问其中的一部分。例如，.json 文件中包含了 GitHub 用户信息，我们可以通过 json_obj['location']查看用户的位置。对比 json_obj 字典和.json 文件的结构，我们发现文件中每一个条目都对应了字典中的一个键。这表明整个.json 文件的内容都转换成了字典，值得注意的是，加载.json 文件后，键的顺序并没有保持在文件中的顺序。

2.6.4　补充说明

JSON 格式（遵循 RFC 4627 规定）最近变得非常流行，因为它比 XML 更易读而且更简洁，因此，在传输数据所需的语法上也更轻量。JSON 来自 JavaScript——当今大多数富互联网应用使用的语言，这使得它在 Web 应用领域中相当受欢迎。

Python 的 JSON 模块的功能远不止我们演示的这些，例如我们可以特化基本的 JSONEncoder/JSONDecoder 类来把 Python 代码转换成 JSON 格式。经典的例子是用这种方法将 Python 内置的复杂数据类型变成 JSON 格式。

如果是简单的定制化，就不必派生 JSONDecoder/JSONEncoder 类了，因为通过设置参数就可以解决这个问题。

例如，json.loads()会把浮点数解析成 Python 的 float 类型，在大多数情况下这都是没有问题的。不过有时候，如果 JSON 文件中的浮点值代表了价格，最好还是表示成十进制。我们可以告诉 json 解析器把浮点数转为十进制。例如，有这样一个 JSON 字符串。

```
jstring = '{"name":"prod1","price":12.50}'
```

接着是下面两行代码。

```
from decimal import Decimal
json.loads(jstring, parse_float=Decimal)
```

上面两行代码的输出如下。

```
{u'name': u'prod1', u'price': Decimal('12.50')}
```

2.7 导出数据到 JSON、CSV 和 Excel

然而，在做数据可视化时，我们通常只是使用别人的数据，所以导入和读取数据是主要的工作。我们也需要把生成或处理的数据保存起来或导出来，以供他人或自己将来使用。

接下来，我们将演示如何使用前面提到的 Python 模块导入、导出和写数据到 JSON、CSV 和 XLSX 等各种格式。

为了演示的需要，我们将使用 2.4 节已生成的数据集合。

2.7.1 准备工作

对于 Excel 的写操作部分，需要在虚拟环境中安装 xlwt 模块。请执行下面的命令：

```
$ pip install xlwt
```

2.7.2 操作步骤

下面将介绍一段示例代码，它包括了要演示的所有格式：CSV、JSON 和 XLSX。程序的主要部分接收输入并调用合适的方法对数据进行转化。我们会逐一介绍每个代码段，并解释它们的目的。

（1）导入需要的模块。

```
import os
import sys
import argparse

try:
    import cStringIO as StringIO
except:
    import StringIO
import struct
import json
import csv
```

（2）然后，定义合适的读写数据的方法。

```
def import_data(import_file):
    '''
    Imports data from import_file.
    Expects to find fixed width row
    Sample row: 161322597 0386544351896 0042
    '''
    mask = '9s14s5s'
    data = []
    with open(import_file, 'r') as f:
        for line in f:
            # unpack line to tuple
            fields = struct.Struct(mask).unpack_from(line)
            # strip any whitespace for each field
            # pack everything in a list and add to full dataset
            data.append(list([f.strip() for f in fields]))
    return data

def write_data(data, export_format):
    '''Dispatches call to a specific transformer and returns data set.
    Exception is xlsx where we have to save data in a file.
    '''
    if export_format == 'csv':
        return write_csv(data)
    elif export_format == 'json':
        return write_json(data)
    elif export_format == 'xlsx':
        return write_xlsx(data)
    else:
        raise Exception("Illegal format defined")
```

（3）为每一种数据格式（CSV、JSON 和 XLSX）分别指定各自的实现方法。

```
def write_csv(data):
    '''Transforms data into csv. Returns csv as string.
    '''
    # Using this to simulate file IO,
    # as csv can only write to files.
    f = StringIO.StringIO()
    writer = csv.writer(f)
    for row in data:
        writer.writerow(row)
    # Get the content of the file-like object
    return f.getvalue()
```

```
def write_json(data):
    '''Transforms data into json.Very straightforward.
    '''
    j = json.dumps(data)
    return j

def write_xlsx(data):
    '''Writes data into xlsx file.

    '''
    from xlwt import Workbook
    book = Workbook()
    sheet1 = book.add_sheet("Sheet 1")
    row = 0
    for line in data:
        col = 0
        for datum in line:
            print datum
            sheet1.write(row, col, datum)
            col += 1
        row += 1
        # We have hard limit here of 65535 rows
        # that we are able to save in spreadsheet.
        if row > 65535:
            print >> sys.stderr, "Hit limit of # of rows in one
sheet (65535)."
            break
    # XLS is special case where we have to
    # save the file and just return 0
    f = StringIO.StringIO()
    book.save(f)
    return f.getvalue()
```

（4）最后，完成 main 入口点代码，解析命令行参数中传入的文件路径，导入数据并导出成要求的格式。

```
if __name__ == '__main__':
    # parse input arguments
    parser = argparse.ArgumentParser()
    parser.add_argument("import_file", help="Path to a fixed-width
data file.")
    parser.add_argument("export_format", help="Export format:
json, csv, xlsx.")
```

```
    args = parser.parse_args()

    if args.import_file is None:
        print >> sys.stderr, "You must specify path to import from."
        sys.exit(1)

    if args.export_format not in ('csv','json','xlsx'):
        print >> sys.stderr, "You must provide valid export file
format."
        sys.exit(1)

    # verify given path is accessible file
    if not os.path.isfile(args.import_file):
        print >> sys.stderr, "Given path is not a file: %s" %
args.import_file
        sys.exit(1)

    # read from formatted fixed-width file
    data = import_data(args.import_file)

    # export data to specified format
    # to make this Unix-like pipe-able
    # we just print to stdout
    print write_data(data, args.export_format)
```

2.7.3 工作原理

概括地讲，首先导入定宽数据集合（定义参见 2.4 节），接着导出到 stdout，然后可以把它存到文件中，或者作为另一个程序的输入。

首先，从命令行执行程序，给定两个必选参数：输入文件名和导出文件格式（JSON、CSV 和 XLSX）。

成功解析这些参数后，程序把输入文件分派给 import_data()方法。然后，该方法返回 Python 数据结构（列表的列表），我们就可以方便地对其进行操作并得到合适的输出格式了。

在 write_data()方法中，我们只是把请求路由给合适的方法（比如 write_csv()方法）。

对于 CSV，我们得到一个 csv.writer()实例，然后把迭代过的每一行数据写到里面。

因为将来要把输出从我们的程序重定向到另一个程序（或者仅仅是对文件执行 cat 操作），所以只是简单地返回给定的字符串。

json 模块提供的 dump()方法可以很轻松地读取 Python 的数据结构，所以在这个例子中 JSON 的导出操作并不需要演示。至于 CSV，我们只是简单地返回结果并把其输出给 stdout。

Excel 导出需要比较多的代码，因为需要创建一个更加复杂的 Excel 工作簿和工作单的模型来存放数据。接下来的工作和前面的迭代方式相似，有两个循环，外部的循环遍历数据源集合的每一行，内部的循环遍历给定行的每一个字段。

最后，把 Book 实例保存成类文件流，这样就可以把它返回给 stdout。然后，我们既可以把内容读取到文件中，也可以让 Web service 来消费它。

2.7.4 补充说明

当然，这仅仅是能导出的数据格式的一个小小的集合。如果想支持更多的格式，程序改动起来也是相当简单的。基本上需要改动两个地方：导入和导出方法。如果想导入一种新的数据源，就需要改动导入方法。

如果想添加一种新的导出格式，首先需要添加方法来返回一个格式化了的数据流。然后，更新 write_data()方法，添加新的 elif 分支来让它调用新的 write_*方法。

另一件能做的事情就是把上述代码打成一个 Python 包，这样就可以在更多的项目上重用它了。如果那样做的话，我们可以让数据的导入更灵活些，或者为导入添加更多的配置功能。

2.8 用 Pandas 导入和操作数据

到目前为止，我们看到的大都是如何使用 Python 标准库提供的工具导入和导出数据。下面，我们将演示如何使用 Pandas 库编写几行代码就完成一些操作。Pandas 库是 BSD 许可下的开源库。它提供了一些数据结构和解析函数，简化了数据导入和操作的过程。

我们下面介绍如何用 Pandas 库导入、操作和导出数据。

2.8.1 准备工作

要运行本节代码，需要安装 Pandas。我们可以通过下面的 pip 命令完成：

```
pip install pandas
```

2.8.2 操作步骤

这里，我们仍然导入 ch2-data.csv 文件数据，在原始数据上新添加一列，然后把结果导出到 csv 文件，代码如下所示：

```
data = pd.read_csv('ch02-data.csv')
data['amount_x_2'] = data['amount']*2
data.to_csv('ch02-data_more.csv)
```

2.8.3 工作原理

首先，我们把 Pandas 导入到当前虚拟环境中，然后用 read_csv 方法读取文件数据，该方法会自动把数据解析成 csv 格式，并将其组织在一个名为 DataFrame 的索引结构中。然后，我们获取 amount 列，把该列每个元素值乘以 2 并保存到一个新建列 amount_x_2 中。最后，我们调用 to_csv 方法把结果保存到文件 ch02-data-more.csv 中。DataFrame 是一个表格形式的 Pandas 对象，我们可以访问它的列数据，下节会进行介绍。

2.8.4 补充说明

DataFrame 是非常好用的数据结构，是专门为快速并方便地访问数据设计的。它的每一列都是表示一个数据帧的对象。例如，我们可以打印出上面定义的 amount 列的对象数据：

```
>>>print data.amount
>>>0 323 1 233 2 433 3 555 4 123 5 0 6 221 Name: amount, dtype: int64
```

我们也可以打印出数据帧的所有列的列表：

```
>>>print data.columns
>>>Index([u'day', u'amount'], dtype='object')
```

而且，用来导入数据的 read_csv 方法有许多参数，我们可以用它们来处理脏数据，并解析成特定数据格式。例如，如果文件中的值是按照空格而不是逗号分隔的，可以使用 delimiter 参数正确地解析数据。这里是我们从文件导入数据的一个例子，该文件数据是由不定数量的空格分隔的，我们还指定了文件头：

```
pd.read_csv('ch02-data.tab', skiprows=1,
  delimiter=' *', names=['day','amount'])
```

2.9 从数据库导入数据

通常情况是，数据分析和可视化工作处在数据管道的消费端。我们经常使用现成的数据，而不是自己生成数据。例如，一个现代应用程序在关系型数据库（或其他数据库如MongoDB）中存储了不同的数据集合，我们可以使用这些数据来生成漂亮的图表。

本节将展示在 Python 中如何使用 SQL drivers 访问数据。

本节的示例采用 SQLite 数据库，因为设置它需要的工作量最少，同时它的接口和大多数其他基于 SQL 的数据库引擎（MySQL 和 PostgreSQL）的接口相似。不过，各种数据库引擎支持的 SQL 方言多少有些不同。这个例子使用简单的 SQL 语言，因此在大多数常用的 SQL 数据库引擎上应该都是可以重用的。

2.9.1 准备工作

在继续本节下面的内容之前，首先需要安装 SQLite 库。

```
$ sudo apt-get install sqlite3
```

Python 默认支持 SQLite，因此不需要再安装任何与 Python 相关的东西。我们可以在 IPython 中执行下述代码来验证一下是否都已经安装好。

```
import sqlite3
sqlite3.version
sqlite3.sqlite_version
```

我们会得到类似下面的输出。

```
In [1]: import sqlite3

In [2]: sqlite3.version
Out[2]: '2.6.0'

In [3]: sqlite3.sqlite_version
Out[3]: '3.8.4.3'
```

这里，sqlite3.version 返回 Python 的 sqlite3 模块的版本号，sqlite_version 返回系统 SQLite 库的版本。

2.9.2 操作步骤

为了能够从数据库中读取数据，需要以下步骤。

（1）连接数据库引擎（或者是 SQLite 文件）。

（2）在选择的表上执行查询操作。

（3）读取从数据库引擎返回的结果。

本书不会讲怎样使用 SQL，因为有很多专门讲解这个话题的书。但为了能让大家明白，我们会解释下这个例子中的 SQL 查询语句。

```
SELECT ID, Name, Population FROM City ORDER BY Population DESC LIMIT
1000
```

这条语句从 `City` 表中查询了 `ID`、`Name` 和 `Population` 等列（字段）的值。`ORDER BY` 告诉数据库引擎按照 `Population` 列对数据进行排序，同时 `DESC` 指定按降序排列。`LIMIT` 仅允许我们获取查找到的数据的前 1000 条。

在这个例子中，我们将使用 `world.sql` 示例中的表。这个表包含了全世界的城市名和人口，有超过 5000 条的数据。

首先需要把这个 SQL 文件导入到 SQLite 数据库中，代码如下。

```
import sqlite3
import sys

if len(sys.argv) < 2:
    print "Error: You must supply at least SQL script."
    print "Usage: %s table.db ./sql-dump.sql" % (sys.argv[0])
    sys.exit(1)

script_path = sys.argv[1]

if len(sys.argv) == 3:
    db = sys.argv[2]
else:
    # if DB is not defined
    # create memory database
    db = ":memory:"

try:
    con = sqlite3.connect(db)
    with con:
        cur = con.cursor()
        with open(script_path,'rb') as f:
            cur.executescript(f.read())
except sqlite3.Error as err:
```

```
    print "Error occured: %s" % err
```

这段代码会读取 SQL 文件中的 SQL 语句，然后在打开的 SQLite db 文件上执行。如果不指定 db 文件名，SQLite 会在内存中创建一个数据库，然后逐条执行语句。

如果遇到了错误，程序会捕获异常并把错误信息打印给用户。

在把数据导入到数据库之后，就能查询数据并进行一些操作了。以下是从数据库文件读取数据的代码。

```
import sqlite3
import sys

if len(sys.argv) != 2:
    print "Please specify database file."
    sys.exit(1)

db = sys.argv[1]

try:
    con = sqlite3.connect(db)
    with con:
        cur = con.cursor()
        query = 'SELECT ID, Name, Population FROM City ORDER BY
Population DESC LIMIT 1000'
        con.text_factory = str
        cur.execute(query)

        resultset = cur.fetchall()

        # extract column names

        col_names = [cn[0] for cn in cur.description]
        print "%10s %30s %10s" % tuple(col_names)
        print "="*(10+1+30+1+10)

        for row in resultset:
            print "%10s %30s %10s" % row
except sqlite3.Error as err:
    print "[ERROR]:", err
```

这里是如何执行上面两段代码的例子。

```
$ python ch02-sqlite-import.py world.sql world.db
$ python ch02-sqlite-read.py world.db
```

```
        ID                      Name Population
=====================================================
      1024          Mumbai   (Bombay)   10500000
      2331                      Seoul    9981619
       206                  S?o Paulo    9968485
      1890                   Shanghai    9696300
```

2.9.3　工作原理

首先，我们检查用户是否提供了数据库文件路径。这只是一个快速的检查，确保我们能执行其他的代码。

接下来尝试连接数据库。如果失败了，程序捕获到 sqlite3.Error 并把它打印给用户。

如果连接成功，我们通过 con.cursor()得到一个游标。游标与迭代器类似，能让我们遍历数据库返回的结果集中的记录。

我们定义了一个查询操作。与数据库建立连接后，查询操作会执行查询请求并通过 cur.fetchall()得到结果集。如果只想获取一条结果，可以用 fetchone()。

在 cur.description 上执行列表解析操作来得到数据库的列名。description 是一个只读属性，包含了很多信息。对每一列的信息都有一个包含 7 个元素的元组，这里只用到列名，所以仅获得每个元组的第一个元素。

接着使用简单的字符串格式化打印出带列名的表头信息，然后迭代结果集并按照类似的方式打印出每一行。

2.9.4　补充说明

数据库是当今最常见的数据源。在本小节的介绍中，我们没办法面面俱到，但建议你看看下面这些内容。

如果想查找数据库操作方面的知识，官方 Python 文档是首选。最常见的数据库是开源数据库，如 MySQL、PostgreSQL 和 SQLite。数据库领域的另一部分是企业数据库系统，如 MS SQL、Oracle 和 Sybase。Python 支持大部分的数据库，而且有抽象的接口。如果数据库变了，不需要改动程序，但可能需要一些小改动，这取决于程序是否使用了特定数据库系统的特性。例如，Oracle 支持一种专门的语言 PL/SQL，它不是标准的 SQL。如果把数据库从 Oracle 变成 MS SQL，有些地方就不工作了。与此类似，SQLite 不支持 MySQL 数据类型或者数据库引擎类型（MyISAM 和 InnoDB）的特性。这些事有些烦人，但让代码遵循标准 SQL 会让其具备数据库系统间的可移植性。

2.10 清理异常值

本节描述如何处理来自真实世界的数据集合，并介绍如何在做可视化前对数据进行清理。

我们会演示一些不同的技巧，但是它们有一个共同的目的，就是清理数据。

然而，清理的工作不应该全部被自动化。因为在应用任何健壮的现代算法来清理数据之前，我们需要了解给定的数据，需要知道异常值[①]（outlier）是什么，并且要明白展示什么数据。但是，这些内容在一节的内容中没有办法都讲清楚，因为它依赖很多方面，如统计学、领域知识和一双慧眼（然后是一点运气）。

2.10.1 准备工作

我们将使用已经熟悉的 Python 标准模块，不需要额外安装软件。

在本节中，我们将介绍一个新名词——MAD。在统计学上，中位数绝对偏差（Median absolute deviation，MAD）是用来描述单变量（包含一个变量）样本在定量数据中可变性的一种标准。它常用来度量统计分布，因为它会落在一组稳健统计数据中，因此对异常值有抵抗能力。

2.10.2 操作步骤

下例展示了如何用 MAD 来检测数据中的异常值。下面是操作步骤。

（1）生成正态分布的随机变量。

（2）加入一些异常值。

（3）用 `is_outlier()` 方法检测异常值。

（4）绘制出两个数据集合（`x` 和 `filtered`）的图表，观察它们的区别。

```
import numpy as np
import matplotlib.pyplot as plt

def is_outlier(points, threshold=3.5):
    """
```

① outlier：常被译为异常值、离群值或野点，统计学上的一个概念。指样本中的个别值，其数值明显偏离它（或它们）所属样本的其余观测值。本书统一译为异常值。——译者注

```
    This returns a boolean array with "True" if points are outliers and
"False"
      otherwise.

     These are the data points with a modified z-score greater than this:
     # value will be classified as outliers.
     """
     # transform into vector
     if len(points.shape) == 1:
         points = points[:,None]

     # compute median value
     median = np.median(points, axis=0)

     # compute diff sums along the axis
     diff = np.sum((points - median)**2, axis=-1)
     diff = np.sqrt(diff)
     # compute MAD
     med_abs_deviation = np.median(diff)

     # compute modified Z-score
     # http://www.itl.nist.gov/div898/handbook/eda/section4/eda43.
htm#Iglewicz
     modified_z_score = 0.6745 * diff / med_abs_deviation

     # return a mask for each outlier
     return modified_z_score > threshold

# Random data
x = np.random.random(100)

# histogram buckets
buckets = 50

# Add in a few outliers
x = np.r_[x, -49, 95, 100, -100]

# Keep valid data points
# Note here that
# "~" is logical NOT on boolean numpy arrays
filtered = x[~is_outlier(x)]
# plot histograms
plt.figure()
```

```
plt.subplot(211)
plt.hist(x, buckets)
plt.xlabel('Raw')

plt.subplot(212)
plt.hist(filtered, buckets)
plt.xlabel('Cleaned')

plt.show()
```

注意，在 NumPy 中，“～”操作符被重载为一个逻辑操作符，作用在布尔数组上时为取非操作。

上述代码生成两幅截然不同的直方图，如图 2-1 所示。第一幅图是基于所有数据绘制，包含一个位于中间、高度为 100 的柱条和其他 3 个非常小的柱条。这表明大部分样本数据都归在了第一个柱条里，其他的都是异常值。第二幅直方图在绘制时去掉了异常值，我们可以看到数据 0～1 的详细分布情况。

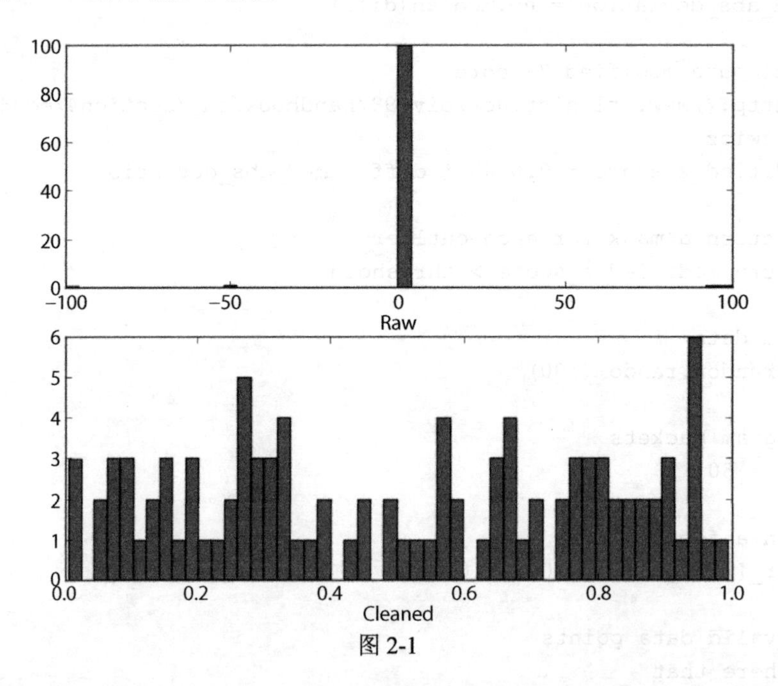

图 2-1

另一种识别异常值的方法是通过人眼检查数据。我们可以创建散点图，这样能轻易地看到偏离簇中心的值。我们也可以绘制一个箱线图（box plot），这样就会显示出中值、上四分位数和下四分位数，以及远离箱体的异常值点。

箱体从数据的低四分位数延伸到高四分位数，在中值处有一条线。箱体延伸出的箱须（whiskers）显示了数据的范围，超出箱须末端的点就是异常值。

下面是一段示例代码。

```
from pylab import *

# fake up some data
spread= rand(50) * 100
center = ones(25) * 50

# generate some outliers high and low
flier_high = rand(10) * 100 + 100
flier_low = rand(10) * -100

# merge generated data set
data = concatenate((spread, center, flier_high, flier_low), 0)

subplot(311)
# basic plot
# 'gx' defining the outlier plotting properties
boxplot(data, 0, 'gx')

# compare this with similar scatter plot
subplot(312)
spread_1 = concatenate((spread, flier_high, flier_low), 0)
center_1 = ones(70) * 25
scatter(center_1, spread_1)
xlim([0, 50])

# and with another that is more appropriate for
# scatter plot
subplot(313)
center_2 = rand(70) * 50
scatter(center_2, spread_1)
xlim([0, 50])

show()
```

我们可以在图 2-2 中看到由×形状的标记所标示出的异常值。

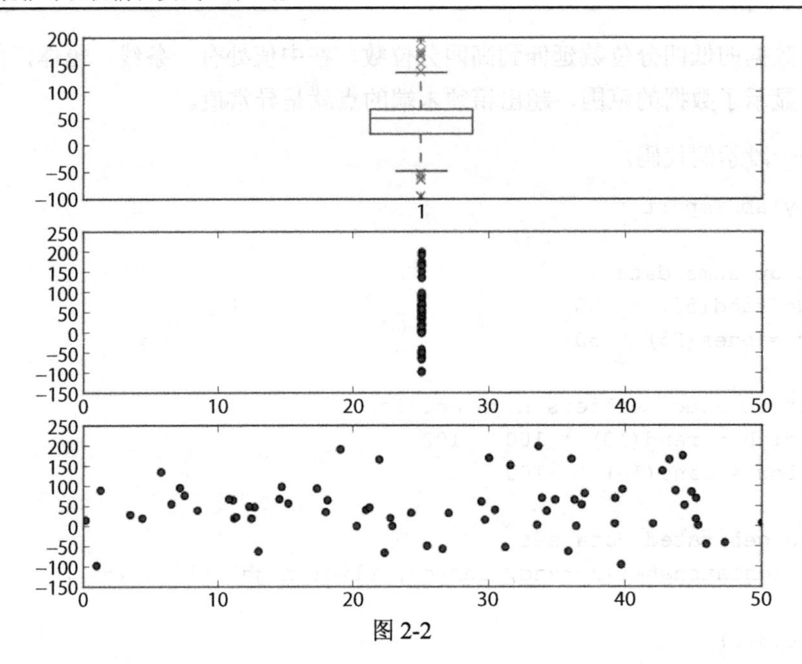

图 2-2

图 2-2 的第二幅图以散点图的形式显示了相似的数据集合。因为数据的 *X* 轴坐标值都是 25，所以看起来不是很直观。另外我们无法在图上区分出负向异常值（inlier）和正向异常值（outlier）。

在图 2-2 的第三幅图中，在 *X* 轴上生成的值分布在 0～50，能更容易地看出值与值间的不同，也能够在 *Y* 轴上看出哪些值是异常值。

如果数据集合有缺失值（missing value）怎么办？可以用 NumPy 加载器来补偿缺失值，或者可以写代码来将其替换成我们需要的值，以供进一步操作。

假如我们想把数据集合标记在一张美国地图上，那么在数据集合中可能有一些州名是不一致的。例如，`OH`、`Ohio`、`OHIO`、`US-OH` 和 `OH-USA` 都代表美国的 Ohio 州。在这种情况下，我们必须把它们加载到 Microsoft Excel 或者 OpenOffice.org Calc 中，对数据集合进行手动检查。有时非常简单，只需要用 Python 把所有行打印出来就可以看出来。如果文件是 CSV 文件或者类 CSV 文件，那么可以用任何一种文本编辑器打开它，并直接检查里面的数据。

在弄清楚数据的内容之后，可以写 Python 代码来对相似的值进行分组，并用统一的值进行替换，以保证将来数据处理的一致性。通常的做法是，用 `readlines()` 方法读取文件的所有行，并用标准 Python 字符串操作方法进行替换操作。

2.10.3 补充说明

有一些商业的和非商业的产品（如 OpenRefine），提供了针对实时“脏”数据集合的一些自动化处理服务。

即便这样，清理异常值的过程还是需要人工参与的。人工参与的多少取决于数据的噪声程度和对数据的理解程度。

如果想学习更多关于异常值清理和常规数据清理的知识，可以看一下概率模型（statistical model）和采样理论（sampling theory）。

2.11 读取大块数据文件

Python 非常擅长处理文件或类文件对象的读写。例如，如果你想加载一个几百兆字节的大文件，如果你有一个至少 2GB 内存的现代计算机，Python 处理起来也不会有任何问题。因为它不会一次性地加载所有内容，而是聪明地按照需要来加载。

即使对于相当大的文件，做一些像下面代码这样简单的操作也是很轻松的。

```
with open('/tmp/my_big_file', 'r') as bigfile:
    for line in bigfile:
        # line based operation, like 'print line'
```

但是如果想跳到文件中的某一个特定位置，或者执行一些非顺序的读操作，那么就需要手工写代码来调用一些对大多数用户都足够灵活的 IO 方法了，如 `seek()`、`tell()`、`read()`和 `next()`。这些方法大多数仅仅是绑定到了 C 实现上（根据操作系统特定的实现），因此运行会非常快，但是根据操作系统的不同，方法的表现会有所不同。

2.11.1 操作步骤

有时大文件的处理可以按文件块进行，这取决于我们的目的是什么。例如，可以读取 1000 行，然后用 Python 标准的基于迭代器的方法进行处理，代码如下。

```
import sys

filename = sys.argv[1]  # must pass valid file name

with open(filename, 'rb') as hugefile:
    chunksize = 1000
    readable = ''
```

```
    # if you want to stop after certain number of blocks
    # put condition in the while
    while hugefile:
        # if you want to start not from 1st byte
        # do a hugefile.seek(skipbytes) to skip
        # skipbytes of bytes from the file start
        start = hugefile.tell()
        print "starting at:", start
        file_block = ''  # holds chunk_size of lines
        for _ in xrange(start, start + chunksize):
            line = hugefile.next()
            file_block = file_block + line
            print 'file_block', type(file_block), file_block
        readable = readable + file_block
        # tell where are we in file
        # file IO is usually buffered so tell()
        # will not be precise for every read.
        stop = hugefile.tell()
        print 'readable', type(readable), readable
        print 'reading bytes from %s to %s' % (start, stop)
        print 'read bytes total:', len(readable)

        # if you want to pause read between chucks
        # uncomment following line
        # raw_input()
```

在 Python 命令行解释器中调用上面的代码，将给定文件名作为第一个参数。

```
$ python ch02-chunk-read.py myhugefile.dat
```

2.11.2 工作原理

我们希望能够读取成块的文件行并进行处理，而不必把整个文件读取到内存中。

首先，打开文件，在 for 循环内部读取文件行。在文件中的移动是通过在文件对象上调用 next()来完成的。这个方法先读取文件中的一行，然后把文件指针移到下一行。为了简化示例代码，我们只是把 file_block 加到输出变量 readable 上，没有进行任何处理。

执行过程中的一些打印操作是为了说明某些变量的当前状态。

while 循环中的最后一行注释代码是 raw_input()。如果去掉注释的话，就可以输出在这一句之前打印的文件行，并暂停程序的执行。

2.11.3　补充说明

当然，本节介绍的只是读取大文件的众多方法中的一种。其他方法可能会引入一些特定的 Python 库或 C 库，但这完全取决于我们要对数据做什么，以及如何操作数据。

并行方法如 MapReduce 范式最近非常流行，因为它能让我们以低成本的方式获得更大的处理能力和内存空间。

多进程处理（multiprocessing）有时也是一个可行的方法。Python 针对创建和管理线程提供了很好的库支持，如 `multiprocessing`、`threading` 和 `thread`。

如果项目中会重复地处理大文件，我们建议建立自己的数据管道，这样在每次需要数据以特定形式输出时，就不必找到数据源再进行手动处理了。

2.12　读取流数据源

如果数据来自一个连续的数据源呢？如果需要读取连续数据呢？接下来，本节将介绍一个适用于许多真实场景的简单解决方案。然而它并不是通用的，需要针对个人应用中的特殊情况进行调整。

2.12.1　操作步骤

在本节中，我们将向你演示如何读取一个实时变化的文件，并把输出打印出来。我们将使用普通的 Python 模块来完成它，代码如下。

```
import time
import os
import sys

if len(sys.argv) != 2:
    print >> sys.stderr, "Please specify filename to read"

filename = sys.argv[1]

if not os.path.isfile(filename):
    print >> sys.stderr, "Given file: \"%s\" is not a file" % filename

with open(filename,'r') as f:
    # Move to the end of file
    filesize = os.stat(filename)[6]
```

```
    f.seek(filesize)

    # endlessly loop
    while True:
        where = f.tell()
        # try reading a line
        line = f.readline()
        # if empty, go back
        if not line:
            time.sleep(1)
            f.seek(where)
        else:
            # , at the end prevents print to add newline, as readline()
            # already read that.
            print line,
```

2.12.2 工作原理

代码的核心部分在 while True:循环中。这个循环永远不会停止（除非在键盘上按下 Ctrl+C 快捷键来中断它）。首先，将文件指针移动到文件末尾，然后试着读取文件中的一行。如果没有读出内容，意味着在用 seek()方法检查之后文件中没有添加内容。就这样，等待一秒然后重试。

如果读到了一行内容，就把它打印出来，因为文件行末尾已经有换行符，在打印时不需要再向末尾添加换行符。

2.12.3 补充说明

我们可能想读取最后的 *n* 行，这就要把文件指针移动到文件末尾前的某个地方，可以通过 file.seek(filesize - N * avg_line_len)把文件指针移到那里。这里的 avg_line_len 应该是近似的平均行长度（大约 1024）。然后，用 readlines()从那个点开始读文件行，然后打印出列表中的[-N]行。

本例中的概念可以用在许多解决方案上。例如，如果输入是一个类文件对象或者一个远程 HTTP 资源，就可以从远程服务读取输入信息，并持续地解析它，然后实时地更新图表，或者更新中间队列（intermediate queue）、缓冲或者数据库。

io 模块非常适用于流处理。Python 从 2.6 版本开始支持它，并将其作为文件模块的替代品。io 模块在 Python 3.x 中已经是一个默认接口。

在一些更复杂的数据管道中，需要启用消息队列（message queue）。到达的连续数据会被放在队列里一段时间，然后才能被我们接收到。这样做的好处是作为数据的使用者，我们有能力在数据过载时暂停处理。而且，把数据放在通用的消息总线（message bus）中，能够让我们项目中的客户去使用同样的数据，同时又不会对我们的软件造成干扰。

2.13 导入图像数据到 NumPy 数组

接下来会介绍如何用 NumPy 和 SciPy 这两个 Python 库来做图像处理。

在科学计算中，图像通常被看作 *n* 维数组。图像一般是二维数组，在我们的例子中，它们会被表示为 NumPy 数组数据结构。因此，对图像执行的一些方法及操作被看作矩阵操作。

从矩阵操作这个意义上讲，图像不一定总是二维的。在医疗或者生物科学领域，图像是更高维度的数据结构，比如 3D（有表示深度的 *Z* 轴或者时间轴）或者 4D（有 3 个空间维度和 1 个时间维度）。但是本节我们不会用到这些。

可以用各种方法导入图像，这完全取决于你想对图像做什么操作，这也取决于你所使用的工具的生态系统以及项目所运行的平台。

在本节中，我们将演示 Python 处理图像的几种方式，它们更多的是和科学处理相关，与图像操作艺术方面的关系不大。

2.13.1 准备工作

本节的一些例子将使用 SciPy 库。如果你安装了 NumPy，那么 SciPy 库也就已经安装好了。如果还没有，用操作系统的包管理工具也可以很方便地安装，请执行下面的命令。

```
$ sudo apt-get install python-scipy
```

对于 Windows 用户，我们推荐用预打包的 Python 环境，如 EPD。这在第 1 章已经提到过。

如果想用官方发布的源码进行安装，请确保已经安装了相应的系统依赖项，如下所示。

- **BLAS 和 LAPACK**：`libblas` 和 `liblapack`。
- **C 和 Fortran 编译器**：`gcc` 和 `gfortran`。

2.13.2 操作步骤

任何一个工作在数字信号处理领域，或者曾经参加过数字信号处理或相关学科的课程的人，一定都见过 Lena 图。Lena 图实际上是一幅标准图，用来验证图像处理算法。

SciPy 已经把这幅图打包在了 misc 模块中，因此我们可以很简单地重用这幅图[①]。下面是获取并显示这幅图的代码。

```
import scipy.misc
import matplotlib.pyplot as plt

# load already prepared ndarray from scipy
lena = scipy.misc.lena()

# set the default colormap to gray
plt.gray()

plt.imshow(lena)
plt.colorbar()
plt.show()
```

代码会打开一个新窗口，显示 Lena 图的灰度图和坐标轴。颜色条显示了图像上值的范围，在这里显示的是 0（黑色）～255（白色），如图 2-3 所示。

图 2-3

① Lena 图已被从 SciPy 0.17 版本中移除，如果你使用较新版本，可以使用 face()或者 ascent()取代 lena()方法。——译者注

更进一步，我们可以通过下面的代码来检查这个对象。

```
print lena.shape
print lena.max()
print lena.dtype
```

上面代码的输出如下。

```
(512, 512)
245
dtype('int32')
```

我们可以从这个 512 个点宽和 512 个点高的图像中看到如下信息。

◆ 整个数组（图像）的最大值是 245。

◆ 每个点都被表示为小端（little endian）32 位整数。

也可以用 Python Image Library（PIL）读入图像。在第 1 章中我们已经安装好了 PIL。

下面是实现代码[①]。

```
import numpy
import Image
import matplotlib.pyplot as plt

bug = Image.open('stinkbug.png')
arr = numpy.array(bug.getdata(), numpy.uint8).reshape(bug.size[1],
bug.size[0], 3)

plt.gray()
plt.imshow(arr)
plt.colorbar()
plt.show()
```

也可以用与处理 Lena 图相似的方式观察其他图像，如图 2-4 所示。

如果你工作在一个用 PIL 作为其默认的图像加载器的系统上，上面的内容或许可以帮到你。

① 如果你的 PIL 库使用的是 Pillow 1.0 及以上版本，请使用“from PIL import Image”替换代码中的“import Image”。——译者注

图 2-4

2.13.3 工作原理

除了加载图像，我们真正想做的是用 Python 操作并处理图像。假如，我们想加载一幅包含 RGB 通道的真实图像，把它转换成单通道的 `ndarray`，然后用数组切片的方法来存储大部分图像。下面的代码演示了如何用 NumPy 和 matplotlib 完成这些工作。

```
import matplotlib.pyplot as plt
import scipy
import numpy

bug = scipy.misc.imread('stinkbug1.png')

# if you want to inspect the shape of the loaded image
# uncomment following line
#print bug.shape

# the original image is RGB having values for all three
# channels separately. For simplicity,We convert that to greyscale image
# by picking up just one channel.

# convert to gray
```

```
bug = bug[:,:,0]
```

bug[:,:,0]称作数组切片（array slicing）。NumPy 的这个功能让我们能够选取多维数组中的任意部分。例如，让我们看如下一维数组。

```
>>> a = array(5, 1, 2, 3, 4)
>>> a[2:3]
array([2])
>>> a[:2]
array([5, 1])
>>> a[3:]
array([3, 4])
```

对多维数组，用逗号区别不同的维度。示例如下：

```
>>> b = array([[1,1,1],[2,2,2],[3,3,3]])  # matrix 3 x 3
>>> b[0,:]  # pick first row
array([1,1,1])
>>> b[:,0]   # we pick the first column
array([1,2,3])
```

看一下下面这段代码。

```
# show original image
plt.figure()
plt.gray()

plt.subplot(121)
plt.imshow(bug)

# show 'zoomed' region
zbug = bug[100:350,140:350]
```

上述代码放大了整图的某一部分。请记住，图像不过是一个被表示为 NumPy 数组的多维数组。在这里，放大的意思是在矩阵中选择行和列范围。我们选择了 100～250 行，140～350 列的部分矩阵。切记，数组下标从 0 开始，坐标上的 100 实际上是第 101 行。

```
plt.subplot(122)
plt.imshow(zbug)

plt.show()
```

结果显示如图 2-5 所示。

图 2-5

2.13.4 补充说明

对于大图像，我们推荐使用 numpy.memmap 来做图像的内存映射，因为这会加快操作图像的速度。例如：

```
import numpy
file_name  = 'stinkbug.png'
image = numpy.memmap(file_name, dtype=numpy.uint8, shape = (375, 500))
```

代码把一个大文件的一部分加载到内存中，并当作 NumPy 数组来访问它。这样操作的效率非常高，因为它允许我们像标准 NumPy 数组那样操作文件数据结构，同时又不用把所有内容全部加载到内存中。shape 参数定义了数组的形状，数组由 file_name 参数指定的类文件对象加载。注意，Python 中的 mmap 有类似的概念，但很重要的一点区别是，NumPy 的 memmap 返回类数组对象，而 Python 的 mmap 返回类文件对象。因此它们在用法上有很大的不同，不过这些不同在它们各自的使用环境中还是很合适的。

有一些专注于图像处理的专业软件包，如 scikit-image。它们构建在 NumPy/SciPy 库上，基本上是图像处理算法的免费合集。如果想做边缘检测、图像去噪或者轮廓查找，可以从 scikit 工具中查找相应的算法。学习 scikit 最好的方法是看示例库，并找到其对应的图像和代码。

2.14 生成可控的随机数据集合

本节将展示生成随机数字序列和单词序列的不同方法。一些例子使用标准 Python 模块，一些使用 NumPy/SciPy 方法。

我们会接触到一些统计学术语，不要担心，我们会逐一解释这些术语，所以在读本节内容时你不必拿着统计学参考书。

我们用常用的 Python 模块生成一些数据集合。然后，就可以用这些数据来了解分布、方差、采样和一些类似的统计学术语了。更重要的是，可以用假数据来了解统计方法是不是能够得到我们想要的模型。因为已经预先知道了模型，所以我们可以把统计方法应用到已知的数据上进行验证。在真实场景下，我们是没办法做到这一点的，因为我们必须要估计到总会有一定程度的不确定性因素存在，这可能导致错误的结果。

2.14.1　准备工作

在练习这些示例的时候，您不需要安装任何新的东西。但是有一些统计学的知识是有帮助的，虽然不是必需的。

这里有一个简短的术语表可以补充一下统计学知识。在本章和接下来的几章都会用到这些术语。

- 分布或者概率分布（distribution or probability distribution）：表示统计实验的结果和发生概率之间的联系。
- 标准差（standard deviation）：表示个体和群体之间的差异。如果差异很大，标准差会比较大；如果所有个体实验在整组范围内基本相同，标准差会比较小。
- 方差（variance）：标准差的平方。
- 总体或者统计总体（population or statistical population）：所有潜在的可观测案例的集合。例如，如果我们对世界上所有学生的平均成绩感兴趣，那么统计总体就是世界上所有学生的成绩。
- 样本（sample）：这是总体的子集。我们无法拿到世界上所有学生的所有成绩，因此只能收集抽样数据并对之进行建模。

2.14.2　操作步骤

可以用 Python 的 random 模块生成一个简单的随机数样本。请看下面的例子：

```
import pylab
import random

SAMPLE_SIZE = 100
```

```
# seed random generator
# if no argument provided
# uses system current time
random.seed()

# store generated random values here
real_rand_vars = []

# pick some random values
real_rand_vars = [random.random() for val in xrange(SIZE)]
# create histogram from data in 10 buckets
pylab.hist(real_rand_vars, 10)

# define x and y labels
pylab.xlabel("Number range")
pylab.ylabel("Count")

# show figure
pylab.show()
```

这是一个均匀分布的样本。当我们运行示例代码时，结果如图 2-6 所示。

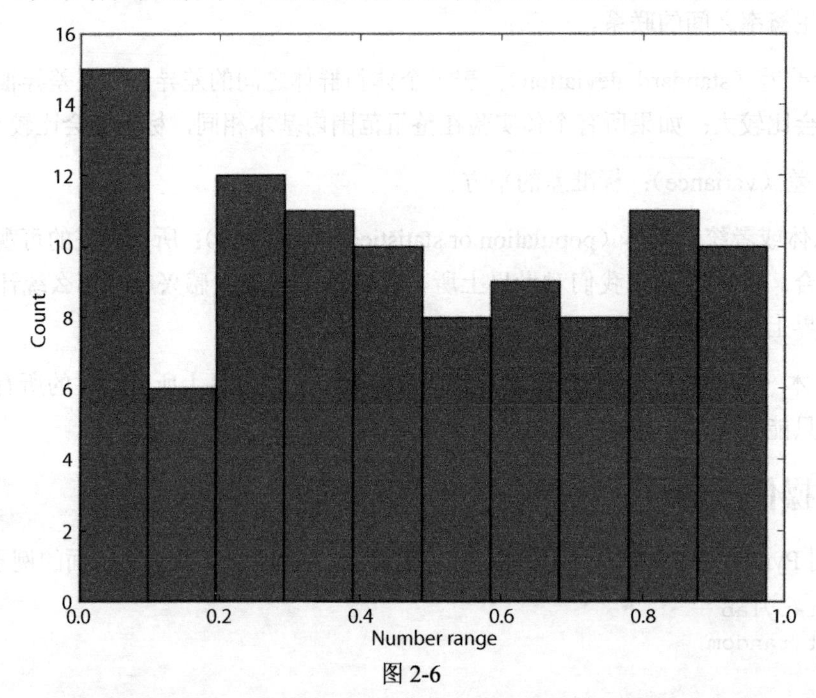

图 2-6

尝试设置 SAMPLE_SIZE 为一个较大的数（如 10 000），观察直方图是如何变化的。

如果想让值的区间从 0～1 变为 1～6（例如，模拟掷一个色子），可以用 random.randint(min, max)。这里的 min 和 max 指相应的下限和上限。如果想生成浮点数而不是整数的样本，可以用 random.uniform(min, max)方法。

用相似的方式，使用相同的工具，可以生成虚拟价格增长数据的时序图，然后加上一些随机噪声。

```
import pylab
import random

# days to generate data for
duration = 100
# mean value
mean_inc = 0.2

# standard deviation
std_dev_inc = 1.2

# time series
x = range(duration)
y = []
price_today = 0

for i in x:
    next_delta = random.normalvariate(mean_inc, std_dev_inc)
    price_today += next_delta
    y.append(price_today)

pylab.plot(x,y)
pylab.xlabel("Time")
pylab.xlabel("Time")
pylab.ylabel("Value")
pylab.show()
```

这段代码定义了 100 个数据点（虚拟天数）的序列。对于接下来的每一天，从中值为 mean_inc、标准差为 std_dev_inc 的正态分布（random.normalvariate()）中选取一个随机值，然后加上前一天的价格（price_today）作为当天的价格。

如果想要实现更多的控制，可以使用不同的分布。下面的代码说明并展示了不同的分布。在演示它们时，我们会解释每一个代码段。我们从导入需要的模块开始，然后对几个直方图进行说明。我们也创建了一个图来容纳并显示所有的直方图。

```
# coding: utf-8
import random
import matplotlib
import matplotlib.pyplot as plt

SAMPLE_SIZE = 1000
# histogram buckets
buckets = 100

plt.figure()

# we need to update font size just for this example
matplotlib.rcParams.update({'font.size': 7})
```

为了能排列下所有规定的图形，我们定义了一个 6×2 的 subplot 网格来显示所有的直方图。第 1 个图形是在[0,1]之间分布的随机变量（normal distributed random variable）。

```
plt.subplot(621)
plt.xlabel("random.random")
# Return the next random floating point number in the range [0.0, 1.0).
res = [random.random() for _ in xrange(1, SAMPLE_SIZE)]
plt.hist(res, buckets)
```

我们绘制的第 2 个图形是一个均匀分布的随机变量（uniformly distributed random variable）。

```
plt.subplot(622)
plt.xlabel("random.uniform")
# Return a random floating point number N such that a <= N <= b for a
<= b and b <= N <= a for b < a.
# The end-point value b may or may not be included in the range
depending on floating-point rounding in the equation a + (b-a) *
random().
a = 1
b = SAMPLE_SIZE
res = [random.uniform(a, b) for _ in xrange(1, SAMPLE_SIZE)]
plt.hist(res,buckets)
```

第 3 个图形是一个三角形分布（triangular distribution）。

```
plt.subplot(623)
plt.xlabel("random.triangular")

# Return a random floating point number N such that low <= N <= high
and with the specified
# mode between those bounds. The low and high bounds default to zero and
```

```
one.
  # The mode argument defaults to the midpoint between the bounds, giving a
  symmetric distribution.
  low = 1
  high = SAMPLE_SIZE
  res = [random.triangular(low, high) for _ in xrange(1, SAMPLE_SIZE)]
  plt.hist(res, buckets)
```

第4个图形是beta分布（beta distribution）。参数的条件是alpha和beta都要大于0，返回值为0～1。

```
plt.subplot(624)
plt.xlabel("random.betavariate")
alpha = 1
beta = 10
res = [random.betavariate(alpha, beta) for _ in xrange(1, SAMPLE_SIZE)]
plt.hist(res, buckets)
```

第5个图形显示了一个指数分布（exponential distribution）。lambd的值是1.0除以期望的中值，是一个不为零的数（参数应该叫作lambda，但它是Python的一个保留字）。如果lambd是整数，返回值的范围是零到正无穷大；如果lambd为负，返回值范围是负无穷大到零。

```
plt.subplot(625)
plt.xlabel("random.expovariate")
lambd = 1.0 / ((SAMPLE_SIZE + 1) / 2.)
res = [random.expovariate(lambd) for _ in xrange(1, SAMPLE_SIZE)]
plt.hist(res, buckets)
```

第6个图形是gamma分布（gamma distribution），它要求参数alpha和beta都大于零。概率分布函数如下。

$$PDF(x) = \frac{x^{a-1} e^{\frac{-x}{\beta}}}{\gamma(a) \beta^{a}}$$

下面是gamma分布的代码。

```
plt.subplot(626)
plt.xlabel("random.gammavariate")


alpha = 1
beta = 10
res = [random.gammavariate(alpha, beta) for _ in xrange(1, SAMPLE_SIZE)]
```

```
plt.hist(res, buckets)
```

第 7 个图形是对数正态分布（log normal distribution）。如果取这个分布的自然对数，会得到一个中值为 mu、标准差为 sigma 的正态分布。mu 可以取任何值，sigma 必须大于零。

```
plt.subplot(627)
plt.xlabel("random.lognormvariate")
mu = 1
sigma = 0.5
res = [random.lognormvariate(mu, sigma) for _ in xrange(1, SAMPLE_SIZE)]
plt.hist(res, buckets)
```

第 8 个图形是一个正态分布（normal distribution），中值为 mu，标准差为 sigma。

```
plt.subplot(628)
plt.xlabel("random.normalvariate")
mu = 1
sigma = 0.5
res = [random.normalvariate(mu, sigma) for _ in xrange(1, SAMPLE_SIZE)]
plt.hist(res, buckets)
```

最后一个图形是帕累托分布（Pareto distribution），alpha 是形状参数。

```
plt.subplot(629)
plt.xlabel("random.paretovariate")
alpha = 1
res = [random.paretovariate(alpha) for _ in xrange(1, SAMPLE_SIZE)]
plt.hist(res, buckets)

plt.tight_layout()
plt.show()
```

虽然这个示例代码的内容有点多，但从基本上讲，我们选取了 1000 个随机数，演示了几种不同的分布。这些都是应用在不同统计学分支中（经济学、社会学、生物科学等）的常见分布。

我们应该能看到基于不同分布算法的直方图之间的区别。不妨花些时间来理解一下这 9 幅图（如图 2-7 所示）。

用 seed()来初始化伪随机数生成器，这样 random()方法就能生成相同的期望随机值。这有时候非常有用，并且比预先生成随机数并保存到文件中要好。第二种方法并不总是可行的，因为它要求保存数据（可能是大量的）到文件系统。

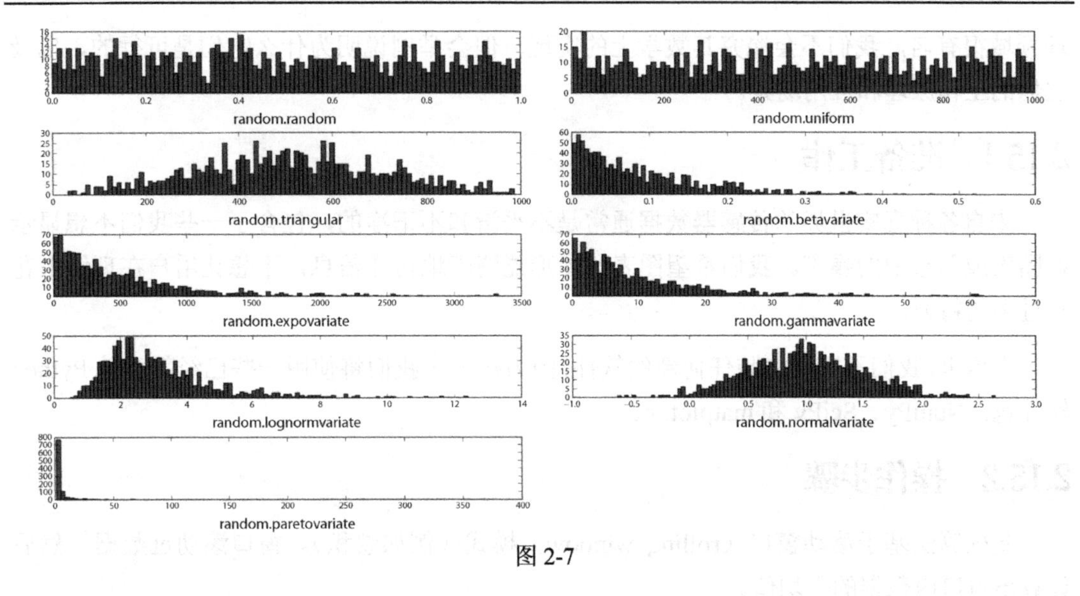

图 2-7

如果想避免随机生成的序列重复，我们推荐使用 `random.SystemRandom`，其底层使用 `os.urandom`。`os.urandom` 提供了对更多熵源（entropy source）的访问。如果使用这个随机数生成器接口，`seed()` 和 `setstate()` 就没有影响。这样一来，样本就不是可重现的了。

如果想要一些随机的单词，（在 Linux 系统中）最简单的方法可能就是用 `/usr/share/dict/words` 了。从下面的例子中，我们可以看到是如何做的。

```
import random

with open('/usr/share/dict/words', 'rt') as f:
    words = f.readlines()
words = [w.rstrip() for w in words]

for w in random.sample(words, 5):
    print w
```

这个方案仅仅是针对 UNIX 系统的，在 Windows 上不可行（但可在 Mac 上运行）。Windows 用户可以使用各种免费的资源（Project Gutenberg、Wiktionary、British National Corpus 或者 Dr Peter Norvig）生成的文件。

2.15　真实数据的噪声平滑处理

本节将引入一些高级算法，帮助我们清理来自真实数据源的数据。这些算法在信号处理领域很有名，我们不会深究其数学上的实现，但会举例说明为什么它们是可行的，以及它们的工作原理和应用场景。

2.15.1 准备工作

来自各种真实世界的传感器数据通常是不平滑和不干净的，包含了一些我们不想显示在图表或图形中的噪声。我们希望图表和图形能清晰地传递信息，不想让用户在理解上花费过多的精力。

在这里，我们不需要安装任何新的软件，因为接下来我们将使用一些已经熟悉的 Python 软件包：NumPy、SciPy 和 matplotlib。

2.15.2 操作步骤

基础算法基于滚动窗口（rolling window）模式（例如卷积）。窗口滚动过数据，然后计算出窗口内数据的平均值。

对于离散数据，我们使用 NumPy 的 `convolve` 方法，它返回两个一维序列的离散线性卷积。我们也使用 NumPy 的 `linspace` 方法，它生成一个给定间隔的等距数字序列。

方法 `ones` 定义了一个所有元素为 1 的序列或者矩阵（例如多维数组）。我们用它来生成求平均值的窗口。

2.15.3 工作原理

平滑数据噪声的一个简单、朴素的做法是对窗口（样本）求平均，然后仅绘制出给定窗口的平均值，而不是所有的数据点。这也是更高级算法的基础。

```
from pylab import *
from numpy import *

def moving_average(interval, window_size):
    '''Compute convoluted window for given size
    '''
    window = ones(int(window_size)) / float(window_size)
    return convolve(interval, window, 'same')

t = linspace(-4, 4, 100)
y = sin(t) + randn(len(t))*0.1

plot(t, y, "k.")
```

```
# compute moving average
y_av = moving_average(y, 10)
plot(t, y_av,"r")
#xlim(0,1000)

xlabel("Time")
ylabel("Value")
grid(True)
show()
```

如图2-8所示，可以看出，平滑处理后的曲线和原始数据点（图上的点）之间的对比情况。

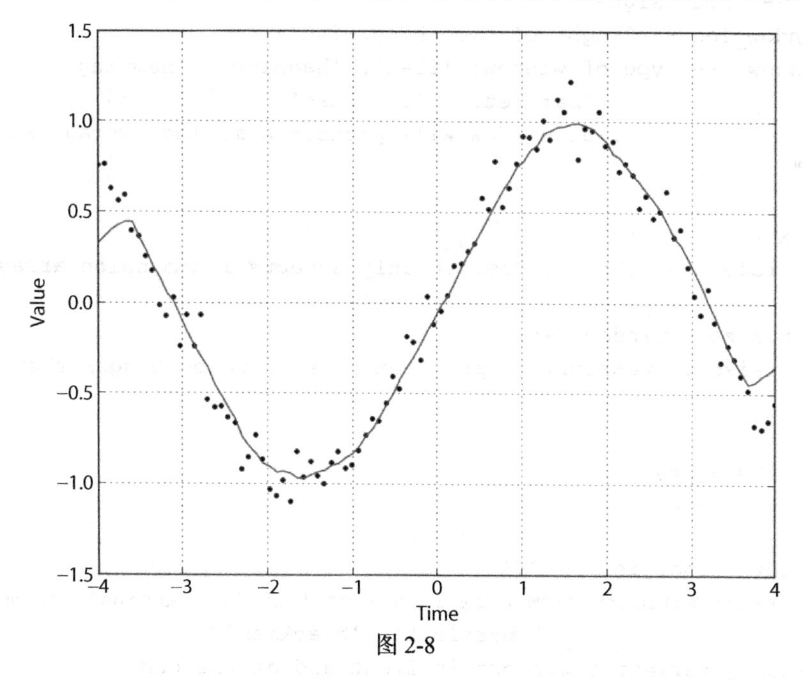

图2-8

顺着这种思路，我们可以开始一个更高级的例子了。在这个例子中我们将使用现有的SciPy库来让窗口平滑处理达到更好的效果。

以下方法基于信号（指数据点）窗口的卷积（函数的总和）。我们在准备信号时用了一些小技巧，向两端添加相同信号的副本并做反射。这样一来，我们就减小了数据的边界效应。这段代码是*SciPy Cookbook*一书中的例子。

```
import numpy
from numpy import *
from pylab import *

# possible window type
```

```
WINDOWS = ['flat', 'hanning', 'hamming', 'bartlett', 'blackman']
# if you want to see just two window type, comment previous line,
# and uncomment the following one
# WINDOWS = ['flat', 'hanning']

def smooth(x, window_len=11, window='hanning'):
    """
    Smooth the data using a window with requested size.
    Returns smoothed signal.

    x  -- input signal
    window_len -- lenght of smoothing window
    window  -- type of window: 'flat', 'hanning', 'hamming',
                    'bartlett', 'blackman'
                  flat window will produce a moving average smoothing.
    """

    if x.ndim != 1:
        raise ValueError, "smooth only accepts 1 dimension arrays."

    if x.size < window_len:
        raise ValueError, "Input vector needs to be bigger than window
size."

    if window_len < 3:
        return x

    if not window in WINDOWS:
        raise ValueError("Window is one of 'flat', 'hanning', 'hamming', "
                         "'bartlett', 'blackman'")
    # adding reflected windows in front and at the end
    s=numpy.r_[x[window_len-1:0:-1], x, x[-1:-window_len:-1]]
    # pick windows type and do averaging
    if window == 'flat': #moving average
        w = numpy.ones(window_len, 'd')
    else:
        # call appropriate function in numpy
        w = eval('numpy.' + window + '(window_len)')

    # NOTE: length(output) != length(input), to correct this:
    # return y[(window_len/2-1):-(window_len/2)] instead of just y.
    y = numpy.convolve(w/w.sum(), s, mode='valid')
    return y
```

```
# Get some evenly spaced numbers over a specified interval.
t = linspace(-4, 4, 100)

# Make some noisy sinusoidal
x = sin(t)
xn = x + randn(len(t))*0.1

# Smooth it
y = smooth(x)

# window size
ws = 31

subplot(211)
plot(ones(ws))

# draw on the same axes
hold(True)

# plot for every window
for w in WINDOWS[1:]:
    eval('plot('+w+'(ws) )')

# configure axis properties
axis([0, 30, 0, 1.1])

# add legend for every window
legend(WINDOWS)

title("Smoothing windows")

# add second plot
subplot(212)
# draw original signal
plot(x)

# and signal with added noise
plot(xn)

# smooth signal with noise for every possible windowing algorithm
for w in WINDOWS:
    plot(smooth(xn, 10, w))
```

```
# add legend for every graph
l=['original signal', 'signal with noise']
l.extend(WINDOWS)
legend(l)

title("Smoothed signal")

show()
```

从图 2-9 所示的两个图形中可以看出，窗口算法是如何影响噪声信号的。上面的图形显示了窗口算法，下面的图形显示了每一个相应的结果，包括原始信号、添加了噪声的信号和经过每个算法平滑处理过的信号。我们可以在代码中试着注释掉一些窗口类型，只保留一到两个窗口，从而可以更好地理解算法之间的差异。

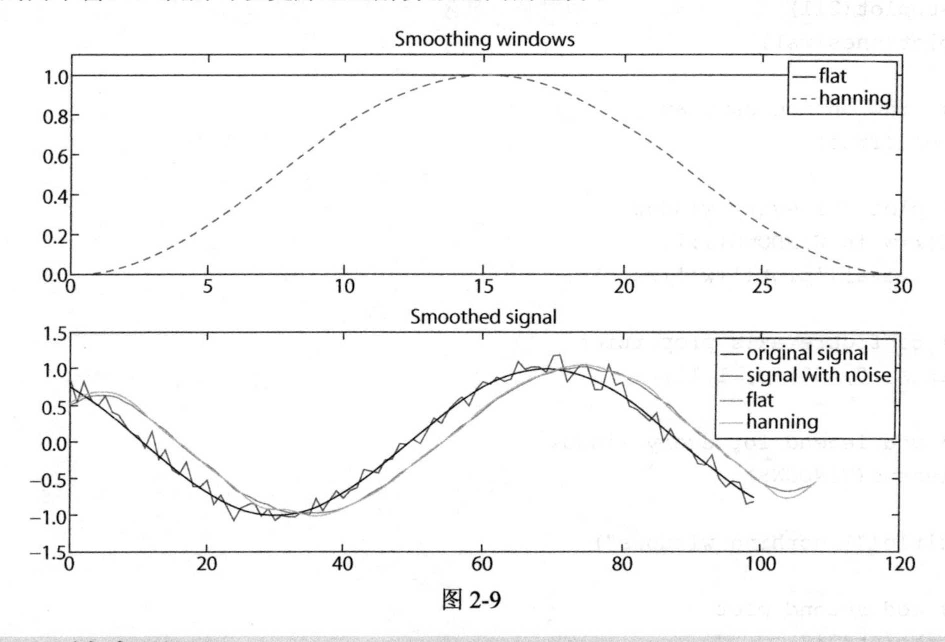

图 2-9

2.15.4 补充说明

另一个非常流行的信号平滑处理算法是中值滤波（Median Filter）。中值滤波的中心思想就是逐项地遍历信号，并用相邻信号项的中值替换当前项。这种方法使得滤波处理非常快速，而且对一维数据集合和两维数据集合（例如图像）都适用。

在下面的例子中，我们使用了 SciPy 信号工具箱中的实现。

```
import numpy as np
import pylab as p
```

```
import scipy.signal as signal

# get some linear data
x = np.linspace(0, 1, 101)

# add some noisy signal
x[3::10] = 1.5

p.plot(x)
p.plot(signal.medfilt(x,3))
p.plot(signal.medfilt(x,5))

p.legend(['original signal', 'length 3','length 5'])
p.show()
```

从图2-10所示的图形中，我们可以看到，窗口越大，信号和原始信号相比失真越严重，但同时看上去也越平滑。

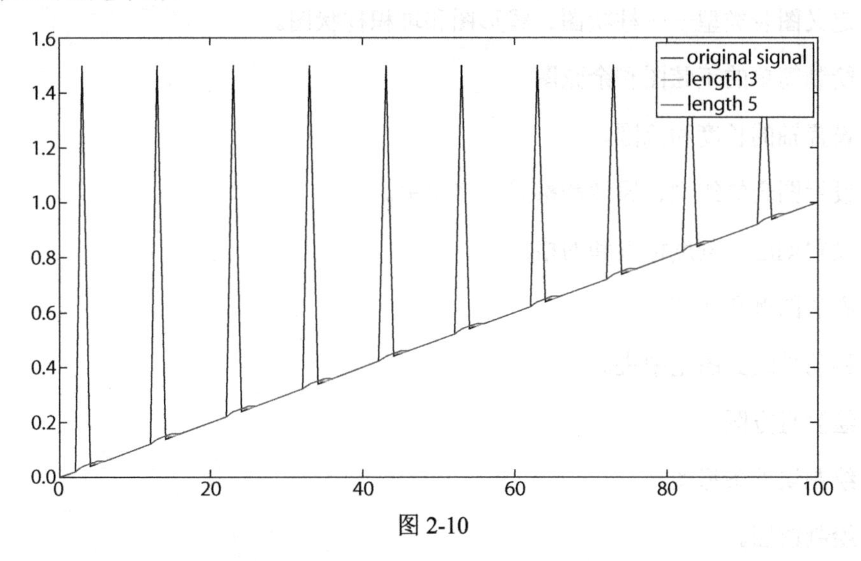

图2-10

许多方法可以对从外部信号源接收到的数据（信号）进行平滑处理，这取决于工作的领域和信号的性质。许多算法都是专门用于某一种特定的信号，可能没有一个通用解决方案适用于所有的情况。

然而，一个非常重要的问题是“什么时候不应该对信号进行平滑处理？”常见的情况是在统计过程（如最小二乘曲线拟合）之前，因为所有的平滑算法或多或少地都会使信号发生失真，从而改变信号波形。而且，对于真实信号来说，平滑处理的噪声对于真实的信号来说可能是错误的。

第 3 章
绘制并定制化图表

本章会详细介绍并展示更多 matplotlib 的功能，包含以下内容。

- ◆ 定义图表类型——柱状图、线形图和堆积柱状图。
- ◆ 绘制简单的正弦图和余弦图。
- ◆ 设置轴的长度和范围。
- ◆ 设置图表的线型、属性和格式化字符串。
- ◆ 设置刻度、刻度标签和网格。
- ◆ 添加图例和注解。
- ◆ 移动轴线到图正中央。
- ◆ 绘制直方图。
- ◆ 绘制误差条形图。
- ◆ 绘制饼图。
- ◆ 绘制带填充区域的图表。
- ◆ 绘制堆积图。
- ◆ 绘制带彩色标记的散点图。

3.1　简介

虽然我们已经用 matplotlib 绘制了一些图表，但并没有详细介绍它们是怎么工作的，也没有介绍如何对图表设置以及 matplotlib 其他的许多功能。本章将介绍并练习一些最基本的数据可视化图表类型，如线形图、柱状图、直方图、饼图，以及它们的变形。

Matplotlib 是一个强大的工具箱，能满足几乎所有 2D 和一些 3D 绘图的需求。通过示例学习 matplotlib 是其作者推荐的方式。当以后你需要画一个图表时，就可以找到一个相似的例子，然后做些改动来满足新的需求。本章将向你展示一些有用的例子，相信你能从中发现和你的需求非常相似的例子。

3.2　定义图表类型——柱状图、线形图和堆积柱状图

本节将展示基本的图表以及它们的用途。这里介绍的大多数图表都是很常用的，其中有一些是理解数据可视化中更高阶概念的基础。

3.2.1　准备工作

我们从 `matplotlib.pyplot` 库的一些常用图表入手，采用一些简单的样本数据开始一些基本的绘图操作，为后面几节内容打基础。

3.2.2　操作步骤

我们先在 IPython 中创建一个简单的图表。IPython 是一个非常不错的工具，它能让我们交互式地改变图表并能即刻查看结果。

（1）在命令行键入以下命令来启动 IPython。

```
$ ipython
```

（2）导入需要的方法。

```
In [1]: from matplotlib.pyplot import *
```

（3）然后键入 matplotlib plot 代码。

```
In [2]: plot([1,2,3,2,3,2,2,1])
Out[2]: [<matplotlib.lines.Line2D at 0x412fb50>]
```

图表会显示在一个新打开的窗口中，其默认的外观和辅助信息如图 3-1 所示。

Matplotlib 中的基本图表包括以下元素。

- ◆ *x* 轴和 *y* 轴：水平和垂直的轴线。
- ◆ *x* 轴和 *y* 轴刻度：刻度表示坐标轴的分隔，包括最小刻度和最大刻度。
- ◆ *x* 轴和 *y* 轴刻度标签：表示特定坐标轴的值。
- ◆ 绘图区域：实际绘图的区域。

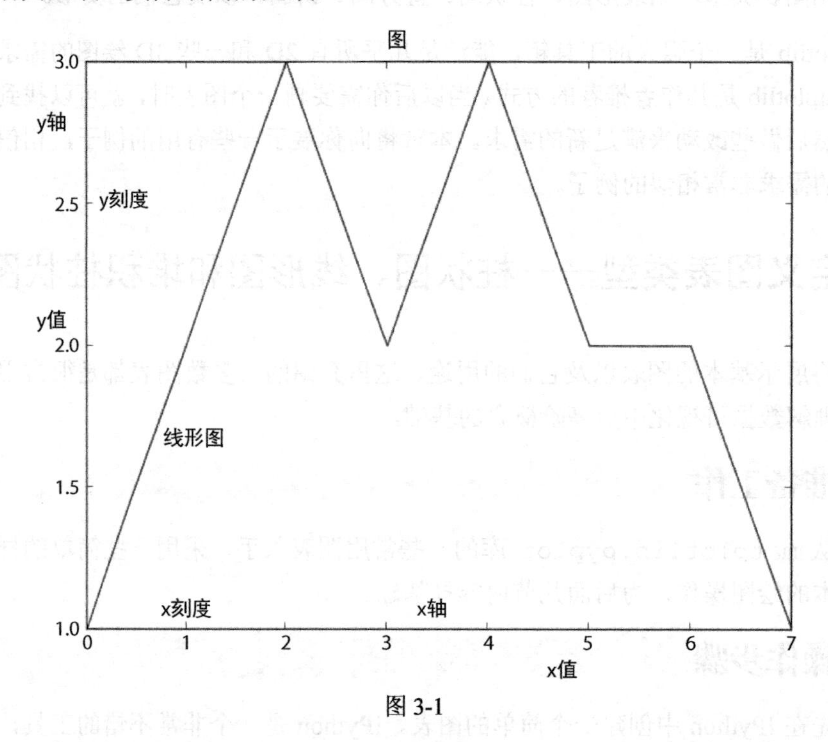

图 3-1

你会注意到我们提供给 `plot()` 的值是 *y* 轴的值。`plot()` 为 *x* 轴提供了默认值，在这里为 0～7 的线性值。

现在，试着通过 `plot()` 的第一个参数添加 *x* 轴的值，在刚才的 IPython 会话中键入以下代码。

```
In [2]: plot([4,3,2,1],[1,2,3,4])
Out[2]: [<matplotlib.lines.Line2D at 0x31444d0>]
```

注意 IPython 是如何对输入和输出行进行计数的（In[2]和 Out[2]）。这能帮助我们记住它在当前会话中的位置，并且 IPython 还提供了更高级的功能，例如把部分会话保存到 Python 文件中。在数据分析期间，用 IPython 做原型设计是得到满意方案的最快捷的方式，我们还可以将特定的会话存到文件中，以备将来重新生成相同的图表。

图表会变成图 3-2 所示的样子。

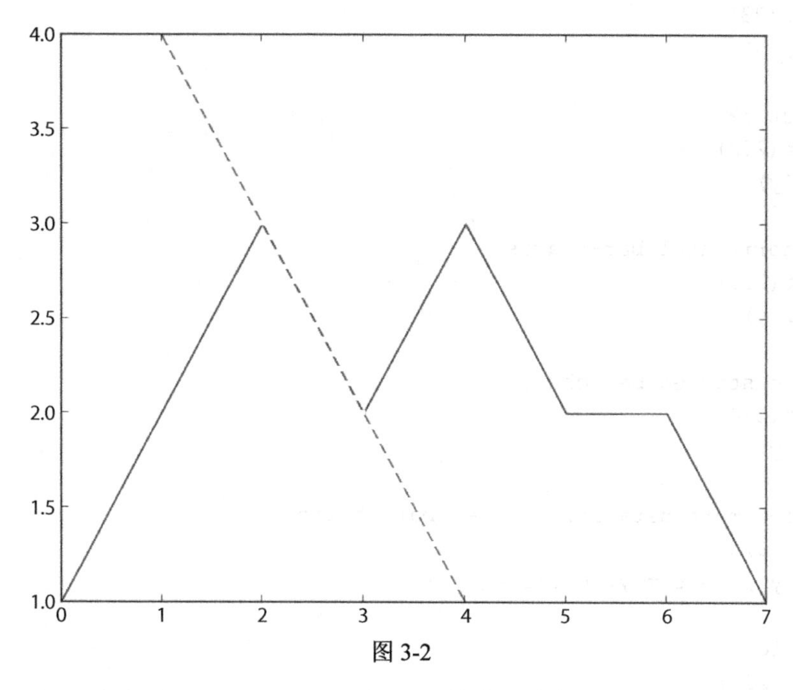

图 3-2

从图 3-2 中可以看到，matplotlib 通过扩展 *y* 轴来适应新的值范围，并且为了让我们能区分出新的图形，自动改变了第二个线条的表示方式（本书使用绘制方式）。

如果不关闭 hold 属性（通过调用 hold(False)方法），所有接下来的图表都将绘制在相同的坐标轴下。这是 IPython 的 pylab 模式的默认行为，然而在编写常规 Python 脚本中，hold 属性默认是关闭的[①]。

让我们基于相同的数据集合多生成一些常见的图表来做一下比较。可以在 IPython 中键入下面的代码，或者在一个单独的 Python 脚本中运行它。

① 经测试，ishold()默认值总是 True。

```
from matplotlib.pyplot import *

# some simple data
x = [1,2,3,4]
y = [5,4,3,2]
# create new figure
figure()

# divide subplots into 2 x 3 grid
# and select #1
subplot(231)
plot(x, y)

# select #2
subplot(232)
bar(x, y)

    # horizontal bar-charts
subplot(233)
barh(x, y)

# create stacked bar charts
subplot(234)
bar(x, y)

# we need more data for stacked bar charts
y1 = [7,8,5,3]
bar(x, y1, bottom=y, color = 'r')

# box plot
subplot(235)
boxplot(x)

# scatter plot
subplot(236)
scatter(x,y)

show()
```

绘制出来的图表如图 3-3 所示。

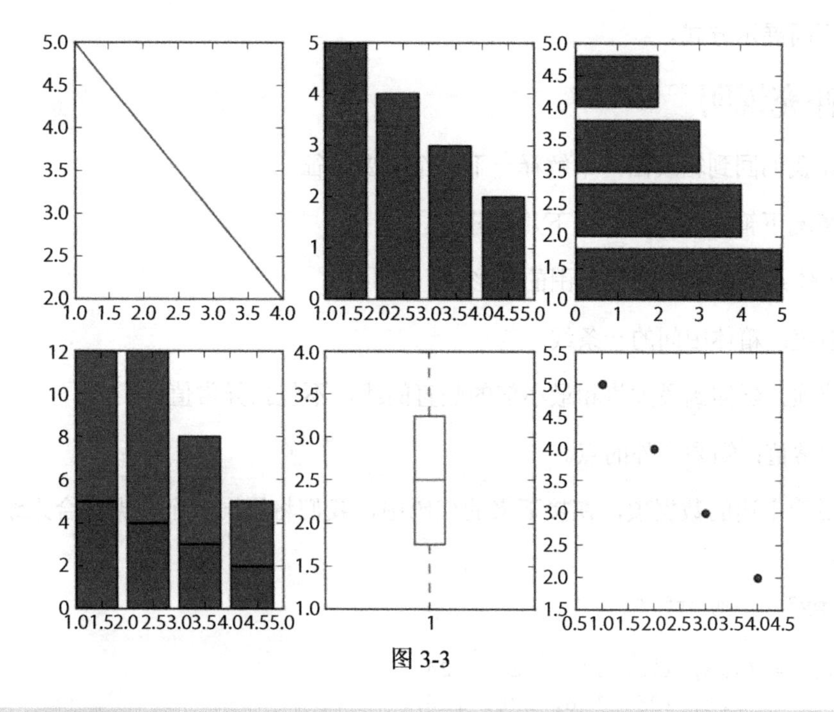

图 3-3

3.2.3 工作原理

通过调用 `figure()` 方法，我们创建出一个新的图表。如果给该方法提供一个字符串参数，例如"sample charts"，这个字符串就会成为窗口的后台标题。如果通过相同的参数（也可以是数字）调用 `figure()` 方法，将会激活相应的图表，并且接下来的绘图操作都在此图表中进行。

接下来，调用 `subplot(231)` 方法把图表分割成 2×3 的网格。也可以用 `subplot(3,2,1)` 这种形式来调用，第一个参数是行数，第二个参数是列数，第三个参数表示图形的标号。

接着用几个简单的命令创建垂直柱状图（`bar()`）和水平柱状图（`barh()`）。对于堆叠柱状图，我们需要把两个柱状图方法调用连在一起。通过设置参数 `bottom=y`，把第二个柱状图和前一个柱状图连接起来形成堆叠柱状图。

通过调用 `boxplot()` 方法可以创建箱线图，图中的箱体从下四分位数延伸到上四分位数，并带有一条中值线。后续我们会继续介绍箱线图。

最后创建了一个散点图来让大家对基于点的数据集合有所了解。当一个数据集合中有成千上万的数据点时，散点图很有可能就更合适了。但这里，我们只是想举例说明相同数据集合的不同展示方式。

3.2.4 补充说明

现在让我们回到箱线图，来解释一下几个重要特征。

默认情况下箱线图会显示以下几部分。

- 箱体：涵盖四分位数范围的矩形。
- 中值：箱体中间的一条线。
- 箱须：延伸到最大值和最小值的竖直的线，不包括异常值。
- 异常值：箱须之外的点。

为了说明上述的数据项，在接下来的代码中，我们将用同一个数据集合来绘制箱线图和直方图。

```
from pylab import *

dataset = [113, 115, 119, 121, 124,
           124, 125, 126, 126, 126,
           127, 127, 128, 129, 130,
           130, 131, 132, 133, 136]


subplot(121)
boxplot(dataset, vert=False)

subplot(122)
hist(dataset)

show()
```

生成的图表如图 3-4 所示。

通过上述对比，我们可以观察到两种图表在数据展现上的差异。左图（箱线图）呈现了前面提到的 5 个统计数据，右图（直方图）展示了数据集合在给定范围内的分组情况。

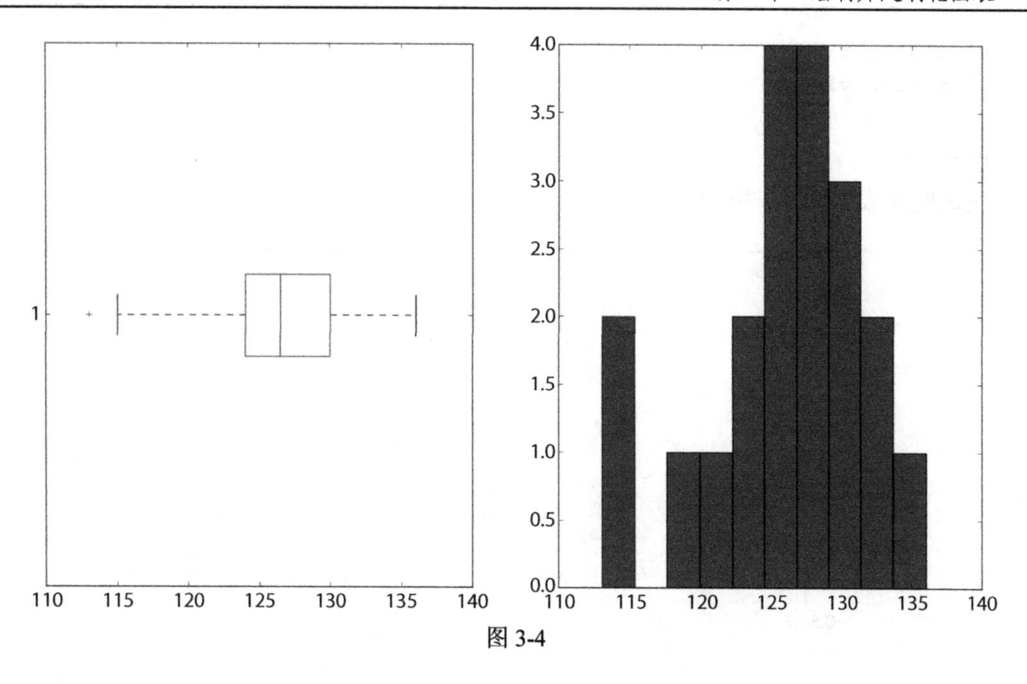

图 3-4

3.3 简单的正弦图和余弦图

本节将复习一下基本的数学函数绘图以及和数学符号相关的知识，比如在标签和绘制的曲线上写上希腊符号。

3.3.1 准备工作

这里我们用到最多的绘图指令是画线指令，它可以在图表中绘制出给定的(*x*,*y*)坐标。

3.3.2 操作步骤

首先，我们来计算从-Pi 到 Pi 之间具有相同的线性距离的 256 个点的正弦值和余弦值，然后把 sin(*x*)值和 cos(*x*)值在同一个图表中绘制出来。

```
import matplotlib.pyplot as pl
import numpy as np

x = np.linspace(-np.pi, np.pi, 256, endpoint=True)

y = np.cos(x)
y1 = np.sin(x)
```

```
pl.plot(x,y)
pl.plot(x,y1)

pl.show()
```

生成的图表如图3-5所示。

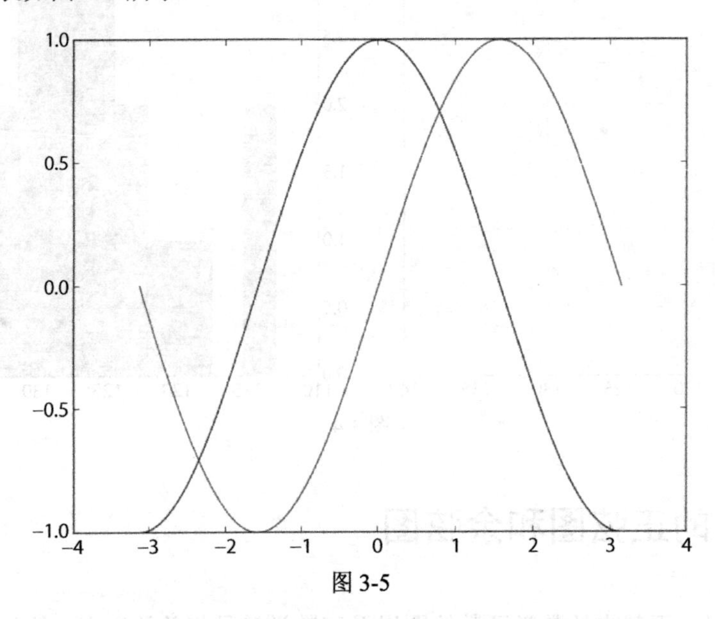

图3-5

以这个简单图表为基础，我们可以进一步定制化来添加更多的信息，并且让坐标轴及其边界更精确些。

```
from pylab import *
import numpy as np

# generate uniformly distributed
# 256 points from -pi to pi, inclusive
x = np.linspace(-np.pi, np.pi, 256, endpoint=True)

# these are vectorised versions
# of math.cos, and math.sin in built-in Python maths
# compute cos for every x
y = np.cos(x)

# compute sin for every x
y1 = np.sin(x)

# plot cos
```

```
plot(x, y)

# plot sin
plot(x, y1)

# define plot title
title("Functions $\sin$ and $\cos$")

# set x limit
xlim(-3.0, 3.0)
# set y limit
ylim(-1.0, 1.0)

# format ticks at specific values
xticks([-np.pi, -np.pi/2, 0, np.pi/2, np.pi],
          [r'$-\pi$', r'$-\pi/2$', r'$0$', r'$+\pi/2$', r'$+\pi$'])
yticks([-1, 0, +1],
          [r'$-1$', r'$0$', r'$+1$'])

show()
```

生成的图表会比较漂亮，如图 3-6 所示。

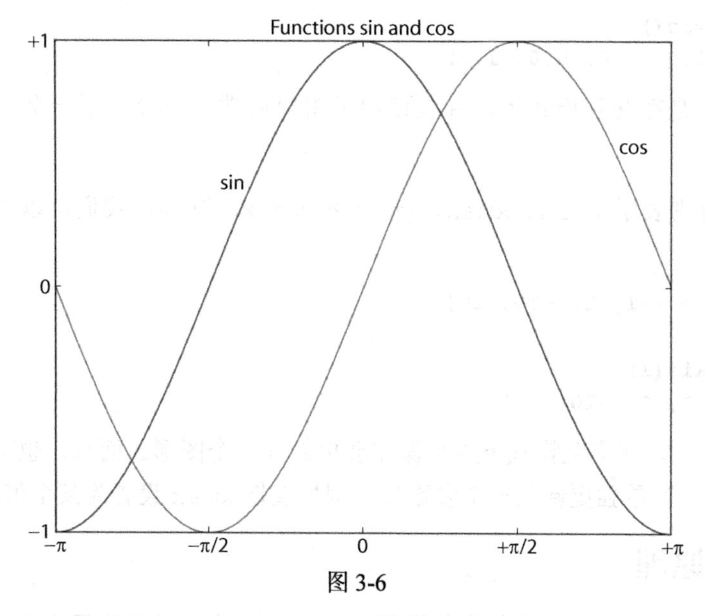

图 3-6

上述代码中，我们用如`$\sin$`或`$-\pi$`这样的表达式在图表中写上希腊字母。在接下来的章节中会进一步介绍这种 LaTex 语法。这里，我们仅仅为了展示用 matplotlib 提高数学图表的可读性其实非常简单。

3.4 设置坐标轴长度和范围

本节将演示一些与坐标轴的范围和长度相关的非常有用的属性，这些属性在 matplotlib 中都是可以设置的。

3.4.1 准备工作

本节中的内容将用 IPython 来演示：

```
$ ipython
```

然后，我们需要导入画图方法：

```
from matplotlib.pylab import *
```

3.4.2 操作步骤

首先，让我们用坐标轴的不同属性来做个实验。调用不带参数的 `axis()` 方法将返回坐标轴的默认值。

```
In [1]: axis()
Out[1]: (0.0, 1.0, 0.0, 1.0)
```

注意，如果是在交互模式下，并且使用了窗口后端，将会显示一个只有坐标轴的空白图。

这里的值分别表示 xmin、xmax、ymin 和 ymax。同样，我们可以设置 *x* 轴和 *y* 轴的值。

```
In [2]: l = [-1, 1, -10, 10]

In [3]: axis(l)
Out[3]: [-1, 1, -10, 10]
```

再次说明一下，在交互模式下这个操作会更新同一个图形。而且，也可以通过关键字参数（**kwargs）单独更新某一个参数值，例如仅把 xmax 设置为某个值。

3.4.3 工作原理

如果不使用 `axis()` 或者其他参数设置，matplotlib 会自动使用最小值，刚好可以让我们在一个图中看到所有的数据点。如果设置 `axis()`，其范围比数据集合中的最大值小，

matplotlib 会按照设置执行，这样就无法在图中看到所有的数据点了。这可能会引起用户困惑甚至是错误的理解，因为我们认为我们看到了绘制的所有东西。避免这种情况发生的方法之一是调用 autoscale()(matplotlib.pyplot.autoscale())方法，该方法会计算坐标轴的最佳大小以适应数据的显示。

如果想要向相同图形添加新的坐标轴，可以调用 matplotlib.pyplot.axes()方法。我们通常会在方法中传入一些属性，例如 rect，归一化单位(0,1)下的 left、bottom、width、height 4 个属性，或者 axisbg，该参数指定坐标轴的背景颜色。

还有其他一些参数允许我们对新添加的坐标轴进行设置，如 sharex/sharey 参数，该参数接收其他坐标轴的值并让当前坐标轴（*x*/*y*）共享相同的值；或者 polar 参数，指定是否使用极坐标轴（polar axes）。

添加新坐标轴在某些情况下非常有用，例如，如果需要用几个不同的视图来表达相同的数据的不同属性值，这就需要在一张图中组合显示多个图表。

如果只想对当前图形添加一条线，可以调用 matplotlib.pyplot.axhline()或者 matplotlib.pyplot.axvline()。axhline()和 axvline()方法会根据给定的 *x* 和 *y* 值相应地绘制出相对于坐标轴的水平线和垂直线。这两个方法的参数很相似，axhline()方法比较重要的参数是 *y* 向位置、xmin 和 xmax，axvline()方法比较重要的参数是 *x* 向位置、ymin 和 ymax。

让我们在图表中看一下这些方法的图形，继续在相同的 IPython 会话中进行以下操作。

```
In [3]: axhline()
Out[3]: <matplotlib.lines.Line2D at 0x414ecd0>

In [4]: axvline()
Out[4]: <matplotlib.lines.Line2D at 0x4152490>

In [5]: axhline(4)
Out[5]: <matplotlib.lines.Line2D at 0x4152850>
```

然后可以得到图 3-7 所示的图形。

在这里，我们看到调用这些方法时如果不传入参数，就会使用默认值。axhline()方法绘制了一条 *y*=0 的水平线，axvline()绘制了一条 *x*=0 的垂直线。

类似的，另外两个相关的方法允许我们添加一个跨坐标轴的水平带（矩形），它们是

matplotlib.pyplot.axhspan()和matplotlib.pyplot.axvspan()[①]。axhspan()方法必需的 ymin 和 ymax 参数指定了水平带的宽度。同理，axvspan()方法必需的 xmin 和 xmax 参数指定了垂直带的宽度。

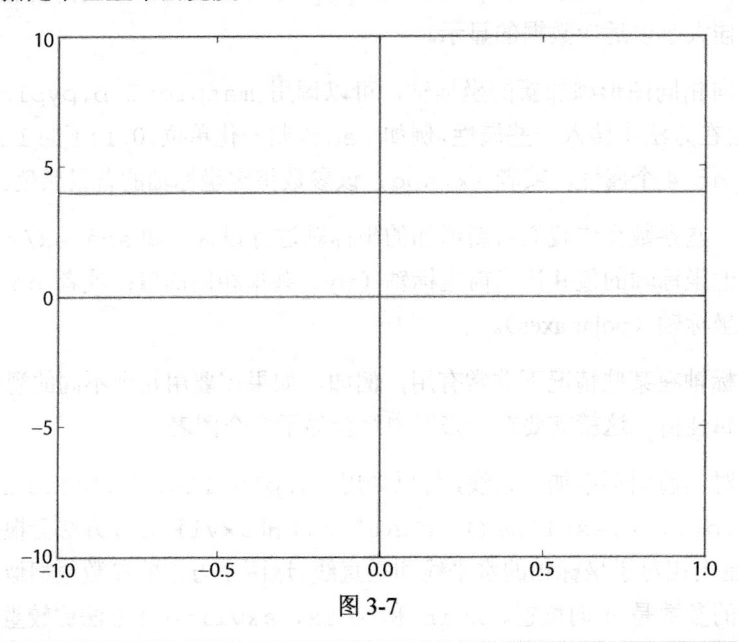

图 3-7

3.4.4 补充说明

图形中的网格属性默认是关闭的，但打开和定制化很简单。不带参数调用 matplotlib.pyplot.grid()会切换网格的显示状态。另外一些控制参数如下。

- which：指定绘制的网格刻度类型（major、minor 或者 both）。
- axis：指定绘制哪组网格线（both、x 或者 y）。

坐标轴通常由 matplotlib.pyplot.axis()控制。坐标轴在内部实现上由几个 Python 类来表示。其中的一个父类是 matplotlib.axes.Axes，包含了操作坐标轴的大多数方法。单一坐标轴由 matplotlib.axis.Axis 类来表示，matplotlib.axis.XAxis 表示 *x* 轴，matplotlib.axis.YAxis 表示 *y* 轴。

在做本节练习时我们用不到这些类。但如果对更高级的坐标轴控制感兴趣的话，这些类就是很重要的。在 matplot.pyplot 命名空间下的方法不能满足需求的时候，我们可以试试这些方法。

---

① 原文为 axspan，应为作者笔误。

3.5　设置图表的线型、属性和格式化字符串

本节将演示如何改变线的各种属性，如线条风格、颜色或者宽度。根据要表达的信息合理地设置线型并明显地区分目标受众（如果受众是年轻群体，可以使用比较生动的颜色；如果是上年纪的人，可能需要使用对比更强烈的颜色），能让图表给用户留下非常深刻的印象。

3.5.1　准备工作

虽然我们强调图表美化的重要性，但首先我们要学会这些基本用法。

如果你对颜色匹配不是很敏感，这里有一些免费和商业的在线工具可以为你生成颜色集。Colorbrewer2 是最有名的工具之一，其详细信息可通过官网查看。

在数据可视化方面，已经有一些针对颜色运用的严谨的研究在进行中，但是解释其理论已经超出了本书的范围。如果你每天要与更高级的可视化打交道，应当阅读一下与这些话题相关的资料。

3.5.2　操作步骤

首先学习如何改变线的属性，有下面几种方法可以改变图表中的线条。

第一个常用的方式是给方法传入关键字参数来指定线型，例如 `plot()` 方法。

```
plot(x, y, linewidth=1.5)
```

对 `plot()` 方法的调用将返回一个线条的实例（`matplotlib.lines.Line2D`），可以在这个实例上用一系列的 setter 方法来设置不同的属性。

```
line, = plot(x, y)
line.set_linewidth(1.5)
```

使用过 MATLAB©的人会更习惯使用第三种方式配置线条属性——使用 `setp()` 方法。

```
lines = plot(x, y)
setp(lines, 'linewidth', 1.5)
```

下面是 `setp()` 方法的另一种使用方式。

```
setp(lines, linewidth=1.5)
```

不管你喜欢用哪种方式来配置线型，选择一种并在整个项目中（或至少在一个文件中）保持一致。这样，当你（或者别人）将来再看到代码时，会很容易理解和修改。

3.5.3 工作原理

用来改变线条的所有属性都包含在 matplotlib.lines.Line2D 类中，表 3-1 中列举了一些属性。

表 3-1

属　性	类　型	描　述
alpha	浮点值	alpha 值用来设置混色，并不是所有后端都支持
color 或 c	任意 matplotlib 颜色	设置线条颜色
dashes	以点为单位的 on/off 序列[①]	设置破折号序列，如果 seq 为空或者如果 seq= [None, None]，linestyle 将被设置为 solid
label	任意字符串	为图例设置标签值
linestyle 或 ls	['-' | '--' | '-.' | ':' | 'steps' | ...]	设置线条风格（也接受 drawstyles 的值）
linewidth 或 lw	以点为单位的浮点值	设置以点为单位的线宽
marker	[7 | 4 | 5 | 6 | 'o' | 'D' | 'h' | 'H' | '_' | '' | 'None' | ' ' | None | '8' | 'p' | ',' | '+' | '.' | 's' | '*' | 'd' | 3 | 0 | 1 | 2 | '1' | '3' | '4' | '2' | 'v' | '<' | '>' | '^' | '|' | 'x' | '$...$' | tuple | Nx2 array]	设置线条标记

① 设置破折号序列各段的宽度。举个例子：如果 dashes 序列为[1,5,10]，那么第一段线为 1 个点的宽度，接下来的空白区为 5 个点的宽度，再接下来的线为 10 个点的宽度。以此类推，当序列到最后一个值后，再按第一个值设定下一段的宽度。——译者注

续表

属　　性	类　　型	描　　述
markeredgecolor 或 mec	任意 matplotlib 颜色	设置标记的边缘颜色
markeredgewidth 或 mew	以点为单位的浮点值	设置以点为单位的标记边缘宽度
markerfacecolor 或 mfc	任意 matplotlib 颜色	设置标记的颜色
markersize 或 ms	浮点值	设置以点为单位的标记大小
solid_capstyle	['butt' | 'round' | 'projecting']	设置实线的线端风格
solid_joinstyle	['miter' | 'round' | 'bevel']	设置实线的连接风格
visible	[True | False]	显示或隐藏 artist
xdata	np.array	设置 x 的 np.array 值
ydata	np.array	设置 y 的 np.array 值
Zorder	任意数字	为 artist 设置 z 轴顺序，低 Zorder 的 artist 会先绘制 如果在屏幕上 x 轴水平向右，y 轴垂直向上，那么 z 轴将指向观察者。这样，0 表示在屏幕上，1 表示上面的一层，以此类推

下表展示了一些线条风格。

线 条 风 格	描　　述	线 条 风 格	描　　述
'-'	实线	':'	虚线
'--'	破折线	'None', ' ', ''	什么都不画
'-.'	点划线		

下图（表格）展示了线条的标记。

<table>
<tr><th>标　记</th><th>描　述</th><th>标　记</th><th>描　述</th></tr>
<tr><td>'o'</td><td>圆圈</td><td>'.'</td><td>点</td></tr>
<tr><td>'D'</td><td>菱形</td><td>'s'</td><td>正方形</td></tr>
<tr><td>'h'</td><td>六边形 1</td><td>'*'</td><td>星号</td></tr>
<tr><td>'H'</td><td>六边形 2</td><td>'d'</td><td>小菱形</td></tr>
<tr><td>'_'</td><td>水平线</td><td>'v'</td><td>一角朝下的三角形</td></tr>
<tr><td>'','None',' ',None</td><td>无</td><td>'<'</td><td>一角朝左的三角形</td></tr>
<tr><td>'8'</td><td>八边形</td><td>'>'</td><td>一角朝右的三角形</td></tr>
<tr><td>'p'</td><td>五边形</td><td>'^'</td><td>一角朝上的三角形</td></tr>
<tr><td>','</td><td>像素</td><td>'|'</td><td>竖线</td></tr>
<tr><td>'+'</td><td>加号</td><td>'x'</td><td>X</td></tr>
</table>

1. 颜色

可以通过调用 `matplotlib.pyplot.colors()` 得到 matplotlib 支持的所有颜色，如表 3-2 所示。

表 3-2

别　名	颜　色	别　名	颜　色
B	蓝色	G	绿色
R	红色	Y	黄色
C	青色	K	黑色
M	洋红色	W	白色

这些颜色可以被用在 matplotlib 中带颜色参数的不同的方法中。

如果这些基本的颜色不够用，可以用其他两种方式来定义颜色值。一种方法是使用 HTML 十六进制字符串。

```
color = '#eeefff'
```

另一种是使用合法的 HTML 颜色名字（`'red', 'chartreuse'`）。也可以传入一个归一化到 `[0, 1]` 的 RGB 元组。

```
color = (0.3, 0.3, 0.4)
```

有很多方法接收颜色参数，如 title()。

```
title('Title in a custom color', color='#123456')
```

2. 背景色

通过向如 matplotlib.pyplot.axes() 或者 matplotlib.pyplot.subplot() 这样的方法提供一个 axisbg 参数，我们可以指定坐标轴的背景色。

```
subplot(111, axisbg=(0.1843, 0.3098, 0.3098))
```

3.6 设置刻度、刻度标签和网格

本节继续学习如何设置坐标轴和线条属性，并向图形和图表中添加更多的数据。

3.6.1 准备工作

让我们先了解一下图形（figure）和子区[①]（subplots）。

在 matplotlib 中，调用 figure() 会显式地创建一个图形，表示一个图形用户界面窗口。通过调用 plot() 或类似的方法会隐式地创建图形。这对于简单的图表没有问题，但是对于更高级的应用，能显式地创建图形并得到实例的引用是非常有用的。

一个图形包括一个或多个子区。子区能以规则网格的方式排列 plot。我们已经使用过 subplot() 方法，在调用时指定所有 plot 的行数和列数以及要操作的 plot 的序号。

如果需要更多的控制，我们需要使用 matplotlib.axes.Axes 类的坐标轴实例。这样可以把 plot 放置在图形窗口中的任意位置，例如可以把一个小的 plot 放在一个大的 plot 中。

3.6.2 操作步骤

刻度是图形的一部分，由刻度定位器（tick locator）——指定刻度所在的位置、刻度格式器（tick formatter）——指定刻度显示的样式两部分组成。刻度有主刻度（major ticks）和次刻度（minor ticks），默认不显示次刻度。更重要的是，主刻度和次刻度可以被独立地指定位置和格式化。

我们可以使用 matplotlib.pyplot.locator_params() 方法控制刻度定位器的

① 本书中 subplots 翻译为子区（和《Python 科学计算》中保持一致），其他的名词翻译遵循：figure 为图形或图表，axes 为坐标轴。——译者注

行为。尽管刻度位置通常会被自行设置，我们仍然可以控制刻度的数目，并且可以在图形比较小的时候使用紧凑视图（tight view）。

```
from pylab import *

# get current axis
ax = gca()

# set view to tight, and maximum number of tick intervals to 10
ax.locator_params(tight=True, nbins = 10)

# generate 100 normal distribution values
ax.plot(np.random.normal(10, .1, 100))

show()
```

以上代码生成图 3-8 所示的图表。

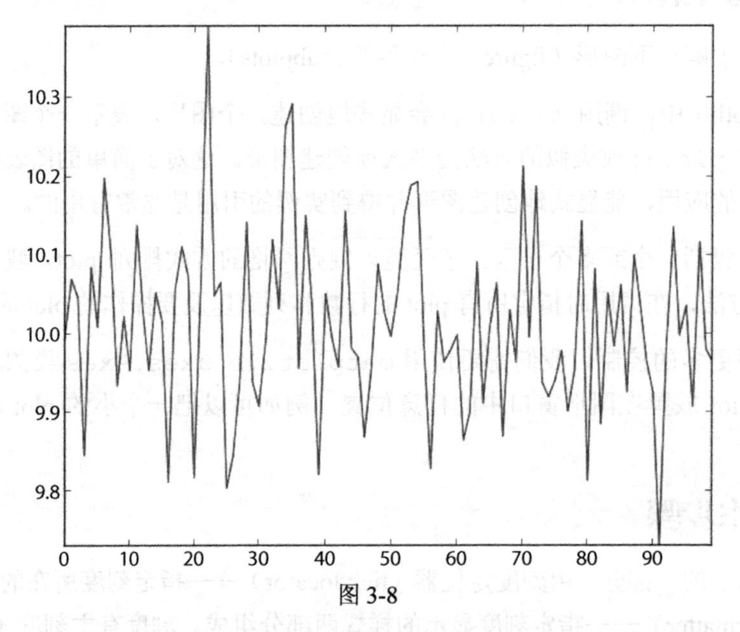

图 3-8

我们可以看到 x 轴和 y 轴是如何被切分的，以及数值是如何显示的。我们也可以用 locator 类完成相同的设置。下面的代码将主定位器设置为 10 的倍数。

```
ax.xaxis.set_major_locator(matplotlib.ticker.MultipleLocator(10))
```

刻度格式器的配置非常简单。格式器规定了值（通常是数字）的显示方式。例如，用 `matplotlib.ticker.FormatStrFormatter` 可以方便地指定 `'%2.1f'` 或者 `'%1.1f cm'` 的格式字符串作为刻度标签。

让我们看一个使用 dates 模块的例子。

matplotlib 用浮点值表示日期，其值为从 0001-01-01 UTC 起的天数加 1。因此，0001-01-01 UTC 06:00 的值为 1.25。

然后，我们可以用 matplotlib.dates.date2num()、matplotlib.dates.num2date()和 matplotlib.dates.drange()这样的 helper 方法对日期进行不同形式的转换。

再看一个例子：

```
from pylab import *
import matplotlib as mpl
import datetime

fig = figure()

# get current axis
ax = gca()

# set some daterange
start = datetime.datetime(2013, 01, 01)
stop = datetime.datetime(2013, 12, 31)
delta = datetime.timedelta(days = 1)

# convert dates for matplotlib
dates = mpl.dates.drange(start, stop, delta)

# generate some random values
values = np.random.rand(len(dates))

ax = gca()

# create plot with dates
ax.plot_date(dates, values, linestyle='-', marker='')

# specify formater
date_format = mpl.dates.DateFormatter('%Y-%m-%d')

# apply formater
ax.xaxis.set_major_formatter(date_format)
```

```
# autoformat date labels
# rotates labels by 30 degrees by default
# use rotate param to specify different rotation degree
# use bottom param to give more room to date labels
fig.autofmt_xdate()

show()
```

上面的代码生成图 3-9 所示的图形。

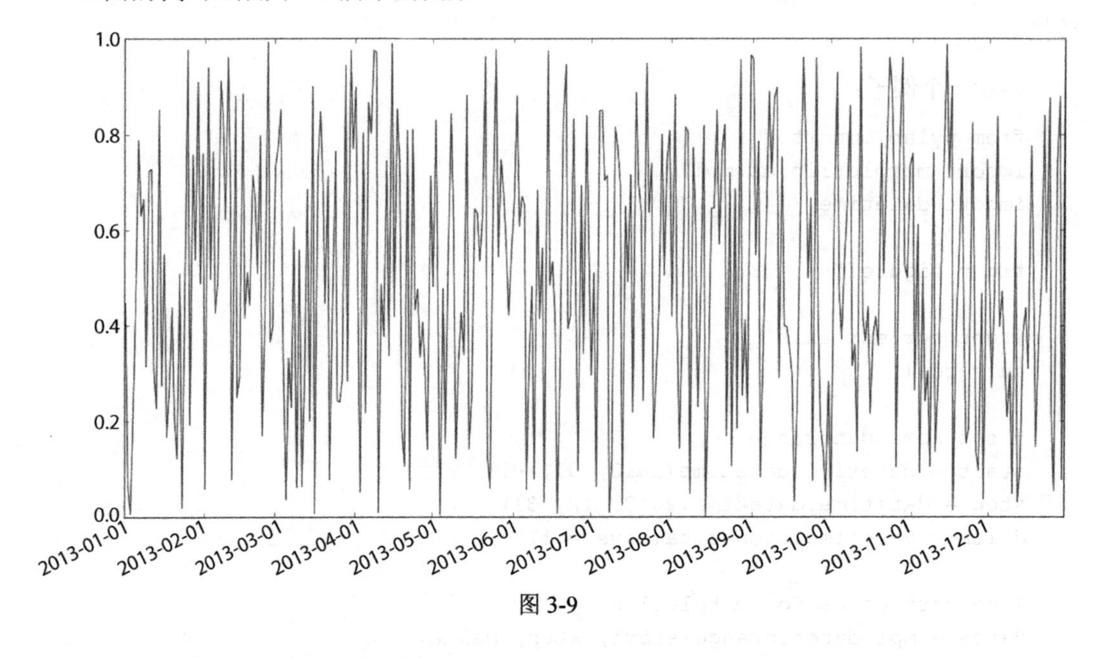

图 3-9

3.7 添加图例和注解

图例和注解清晰地解释了当前上下文中数据图表的内容。为每个 plot 添加一个与所显示数据相关的简短描述，更方便读者（观察者）理解。本节将演示如何对图形中的特定点进行注解，以及如何创建和放置数据图例。

3.7.1 准备工作

请问，有多少次你看着一个图表却不知道它要表达什么？大多数情况下，报纸和其他一些日刊或者周刊中的图表都没有恰当的注解，这让读者对图表有了不同的解读，因此会产生歧义，从而增加了出错的可能性。

3.7.2 操作步骤

让我们用下面的例子来演示一下如何添加图例和注解。

```
from matplotlib.pyplot import *

# generate different normal distributions
x1 = np.random.normal(30, 3, 100)
x2 = np.random.normal(20, 2, 100)
x3 = np.random.normal(10, 3, 100)

# plot them
plot(x1, label='plot')
plot(x2, label='2nd plot')
plot(x3, label='last plot')

# generate a legend box
legend(bbox_to_anchor=(0., 1.02, 1., .102), loc=3,
ncol=3,  mode="expand", borderaxespad=0.)

# annotate an important value
annotate("Important value", (55,20), xycoords='data',
xytext=(5, 38),
arrowprops=dict(arrowstyle='->'))
show()
```

上述代码生成图 3-10 所示的图表。

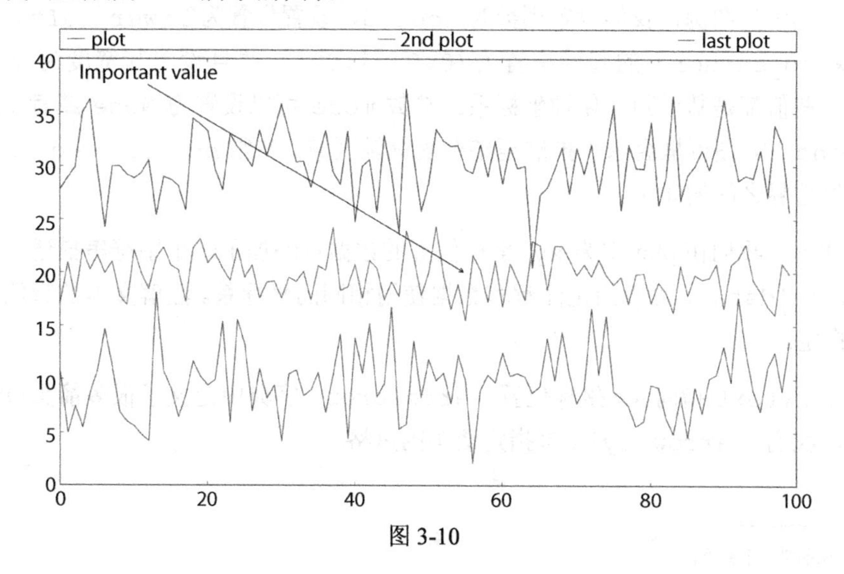

图 3-10

我们所做的是为每个 plot 指定一个字符串标签，这样 legend()会把它们添加到图例框中。

我们通过指定 loc 参数确定图例框的位置。这个参数是可选的，这里我们为其指定一个位置，避免让图例框覆盖图表中的线。将位置参数设置为 0 是非常有用的，因为它会自动检查图表的位置，尽可能地避免图例和图表之间的重叠。

3.7.3 工作原理

表 3-3 列出了所有的位置参数。

表 3-3

字　符　串	数　值	字　符　串	数　值
best	0	center left	6
upper right	1	center right	7
upper left	2	lower center	8
lower left	3	upper center	9
lower right	4	center	10
right	5		

如果不想在图例中显示标签，可以将标签设置为_nolegend_。

对于上例中的图例，我们设置列数为 ncol=3，设置位置为 lower left。指定边界框（bbox_to_anchor）的起始位置为(0.0, 1.02)，并且设置其宽度为 1，高度为 0.102。这些值都是基于归一化轴坐标系。参数 mode 可以设置为 None 或者 expand，当为 expand 时，图例框会水平扩展至整个坐标轴区域。参数 borderaxespad 指定了坐标轴和图例边界之间的间距。

对于注解，我们在 plot 中为 xy[①] 坐标位置的数据点添加了一个字符串描述。通过设置 xycoord = 'data'，可以指定注解和数据使用相同的坐标系。注解文本的起始位置通过 xytext 指定。

箭头由 xytext 指向 xy 坐标位置。arrowprops 字典中定义了很多箭头属性。在这个例子中，我们用 arrowstyle 来指定箭头的风格。

① annotate 方法的第二个参数。

3.8 移动轴线到图中央

本节将演示如何移动轴线到图中央。

轴线定义了数据区域的边界，把坐标轴刻度标记连接起来。一共有 4 个轴线，它们可以放置在任何位置。默认情况下，它们被放置在坐标轴的边界，因此我们会看到数据图表有一个框。

3.8.1 操作步骤

为了把轴线移到图中央，需要把其中两个轴线隐藏起来（将 color 设置为 none）。然后，移动另外两个到坐标（0, 0）。坐标为数据空间坐标。

做法如下面代码所示。

```
import matplotlib.pyplot as plt
import numpy as np

x = np.linspace(-np.pi, np.pi, 500, endpoint=True)
y = np.sin(x)

plt.plot(x, y)

ax = plt.gca()

# hide two spines
ax.spines['right'].set_color('none')
ax.spines['top'].set_color('none')

# move bottom and left spine to 0,0
ax.spines['bottom'].set_position(('data',0))
ax.spines['left'].set_position(('data',0))

# move ticks positions
ax.xaxis.set_ticks_position('bottom')
ax.yaxis.set_ticks_position('left')

plt.show()
```

生成图 3-11 所示的图形。

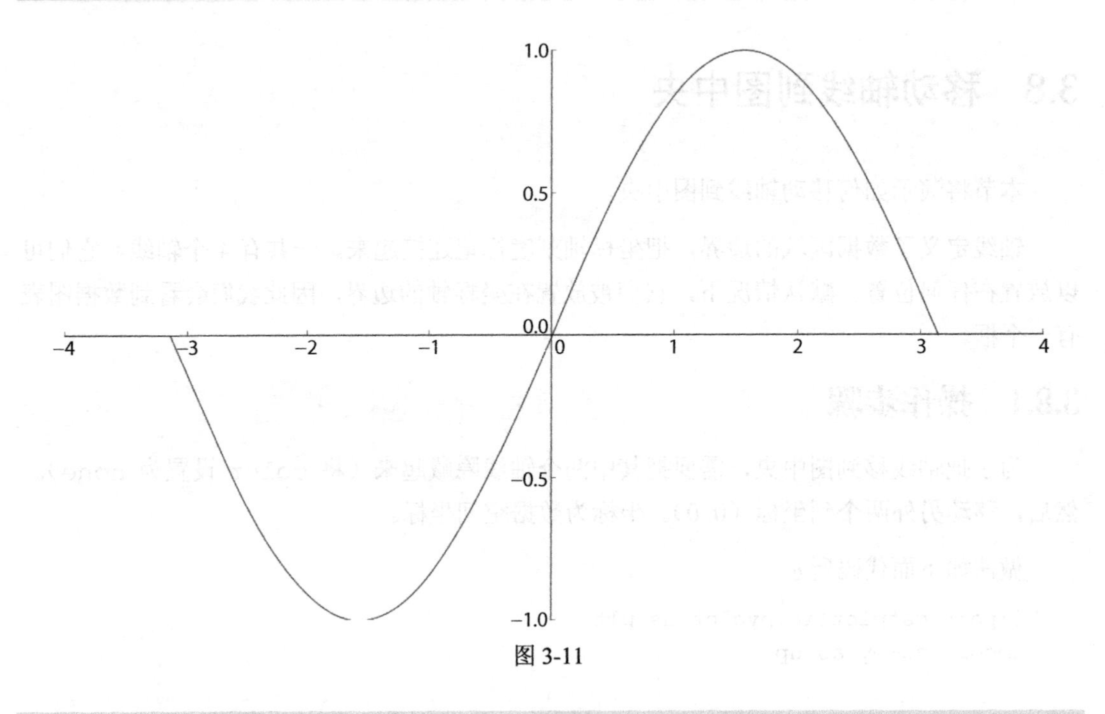

图 3-11

3.8.2 工作原理

这段代码是根据所绘制的图形设计的。我们把轴线移到位置（0，0），绘制了一个正弦函数曲线。（0，0）是图形的中心。

这段代码说明了如何把轴线移动到一个特定位置，以及如何去掉不想显示的轴线。

3.8.3 补充说明

另外，轴线可以被限制在数据结束的地方结束，例如通过调用 `set_smart_bounds(True)`。在这种情况下，matplotlib 会尝试以一种复杂的方式设置边界，例如处理颠倒的界限，或者在数据延伸出视图的情况下裁剪线条以适应视图。

3.9 绘制直方图

直方图非常简单，但用它来显示正确的数据也是非常重要的。目前我们仅涉及 2D 直方图。

直方图被用于可视化数据的分布估计。在谈论直方图时我们通常会使用一些术语。表示特定间隔中数据点频率的垂直矩形称为 bin。bin 以固定的间隔创建，因此直方图的总面积等于数据点的数量。

直方图可以显示数据的相对频率，而不是使用数据的绝对值。在这种情况下，总面积就等于 1。

直方图经常被用在图像处理软件中，一般是作为可视化图像属性（如给定颜色通道上光的分布）的一种方式。这些图像直方图可以进一步应用在计算机视觉算法中来检测峰值，用来辅助边缘检测、图像分割等。

第 5 章会有几小节来介绍 3D 直方图。

3.9.1 准备工作

在绘制直方图时，我们总是想设置正确的 bin 数量。但是因为没有严格的规则来说明什么是最优 bin 数量，所以很难做到这一点。在怎样计算 bin 数量上有几种不同的理论，最简单的一个是基于上取整（ceiling）函数，这时 `bins(k)`等于 `ceiling (max(x) - min(x)/h)`，其中 x 是绘制的数据集合，h 为期望的 bin 宽度。这只是一种理论，因为正确显示数据的 bin 数量取决于真实的数据分布。

3.9.2 操作步骤

如果想调用 `matplotlib.pyploy.hist()`来创建直方图，我们需要传入一些参数，下面是一些比较重要的参数。

- `bins`：可以是一个 bin 数量的整数值，也可以是表示 bin 的一个序列。默认值为 `10`。
- `range`：bin 的范围，当 bins 参数为序列时，此参数无效。范围外的值将被忽略掉，默认值为 `None`。
- `normed`：如果值为 `True`，直方图的值将进行归一化（normalized）处理，形成概率密度。默认值为 `False`。
- `histtype`：默认为 `bar` 类型的直方图。其他选项如下。
  - `barstacked`：用于多种数据的堆叠直方图。
  - `step`：创建未填充的线形图。
  - `stepfilled`：创建默认填充的线形图。`histtype` 的默认值为 `bar`。

- align：用于 bin 边界之间矩形条的居中设置。默认值为 mid，其他值为 left 和 right。
- color：指定直方图的颜色，可以是单一颜色值或者颜色的序列。如果指定了多个数据集合，颜色序列将会设置为相同的顺序。如果未指定，将会使用一个默认的线条颜色。
- orientation：通过设置 orientation 为 horizontal 创建水平直方图。默认值为 vertical。

下面的代码演示了 hist()的用法。

```
import numpy as np
import matplotlib.pyplot as plt

mu = 100
sigma = 15
x = np.random.normal(mu, sigma, 10000)

ax = plt.gca()

# the histogram of the data
ax.hist(x, bins=35, color='r')

ax.set_xlabel('Values')
ax.set_ylabel('Frequency')

ax.set_title(r'$\mathrm{Histogram:}\ \mu=%d,\ \sigma=%d$' % (mu,  sigma))

plt.show()
```

以上代码为数据样本创建了一个简洁的红色直方图，如图 3-12 所示。

3.9.3 工作原理

首先，生成一些正态分布数据，然后指定直方图的 bin 数量为 35，通过设置 normed 为 True（或 1）来进行归一化处理，最后设置 color 为 red(r)。

接下来，为图形添加标签和标题。这里我们利用 matplotlib 对 LaTex 表达式的支持，从而在 Python 格式化字符中加入了数学符号。

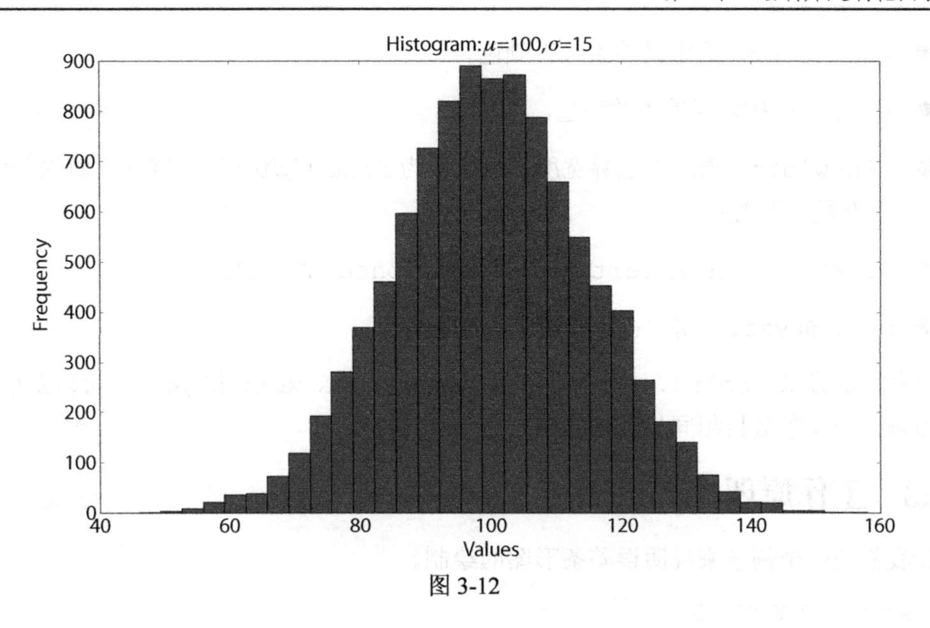

图 3-12

3.10　绘制误差条形图

本节将展示如何创建柱状图以及如何绘制误差条。

3.10.1　准备工作

我们可以用误差条来可视化数据集合中的测量不确定度（uncertainty of measurement）或者指明错误。误差条可以很容易地表示误差偏离数据集合的情况。它们可以显示一个标准差（standard deviation）、一个标准误差（standard error）以及 95%的置信区间（confidence interval）。因为在表示上没有统一标准，所以我们总是需要显式地表明误差条显示的是哪一种值（误差）。实验科学（experimental science）领域的大多数论文都应该在描述数据精度的时候包含误差条。

3.10.2　操作步骤

虽然只有两个必选参数——`left` 和 `height`，但是，我们经常会需要使用其他参数，介绍如下。

- `width`：给定误差条的宽度，默认值是 `0.8`。
- `bottom`：如果指定了 `bottom`，其值会被加到高度中，默认值为 `None`。

- edgecolor：给定误差条边界颜色。
- ecolor：指定误差条的颜色。
- linewidth：误差条边界宽度，可以设为 None（默认值）和 0（此时误差条边界将不显示出来）。
- orientation：有 vertical 和 horizontal 两个值。
- xerr 和 yerr：用于在柱状图上生成误差条。

一些可选参数（color、edgecolor、linewidth、xerr 和 yerr）可以是单一值，也可以是和误差条数目相同长度的序列。

3.10.3 工作原理

让我们用一个例子来说明误差条形图的绘制。

```
import numpy as np
import matplotlib.pyplot as plt

# generate number of measurements
x = np.arange(0, 10, 1)

# values computed from "measured"
y = np.log(x)

# add some error samples from standard normal distribution
xe = 0.1 * np.abs(np.random.randn(len(y)))

# draw and show errorbar
plt.bar(x, y, yerr=xe, width=0.4, align='center', ecolor='r',
color='cyan', label='experiment #1');

# give some explainations
plt.xlabel('# measurement')
plt.ylabel('Measured values')
plt.title('Measurements')
plt.legend(loc='upper left')

plt.show()
```

上述代码生成图 3-13 所示的图形。

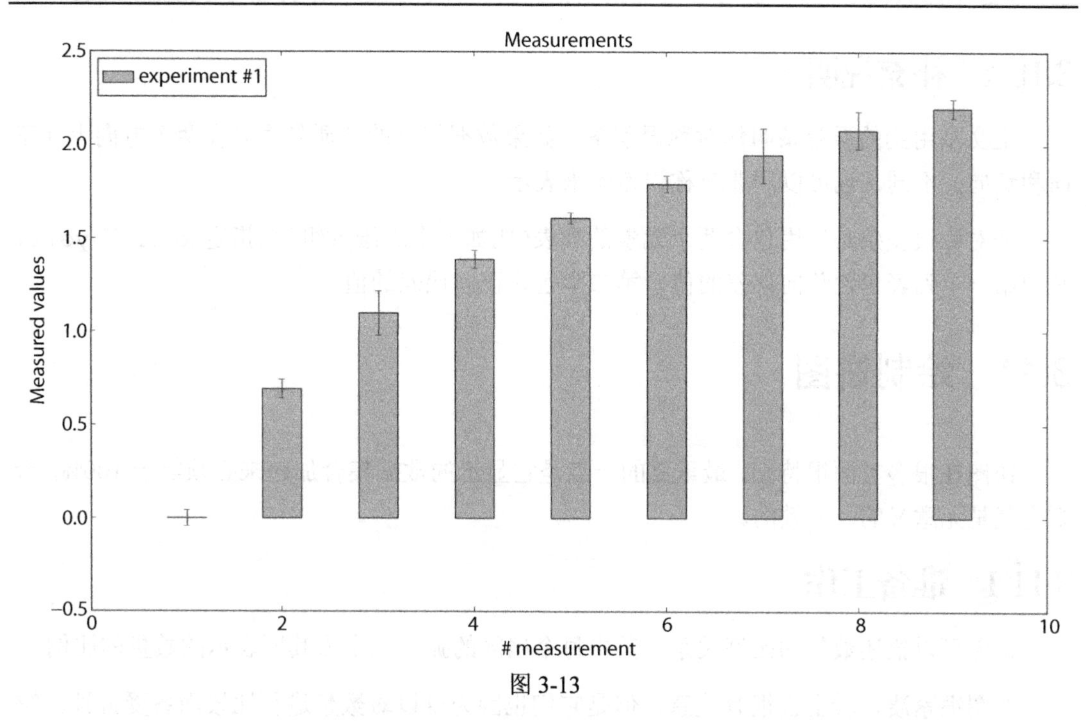

图 3-13

为了绘制误差条，我们需要有一些度量值（x）。对于每一个度量值计算出的值（y），我们引入误差（xe）。

这里，我们用 NumPy 库来生成并计算值。标准分布已经能很好地满足演示的需要了，但是如果正好预先知道你的数据分布，那么可以做一些可视化原型来尝试一下不同的视图布局，以便找到展示信息的最佳选择。

如果你正在准备为一个黑白版的媒介做可视化，另一个有意思的选择是使用阴影线（hatch）。阴影线的值如表 3-4 所示。

表 3-4

阴影线的值	描　　述	阴影线的值	描　　述
/	斜线	x	交叉线
\	反斜线	o	小圆圈
|	垂直线	0	大圆圈
-	水平线	.	点
+	十字线	*	星号

3.10.4 补充说明

上文刚用到的误差条叫作对称误差条。如果数据集合的性质是误差在两个方向上（正向和负向）不同，也可以用非对称误差条来表示。

非对称误差条必须用包含两个元素的列表(比如一个二维数组)来指定 xerr 和 yerr，其中第一个列表包含负向误差的值，第二个包含正向误差的值。

3.11 绘制饼图

饼图在很多方面很特别，最重要的一点是它显示的数据集合加起来必须等于 100%，否则它就是无意义的、无效的。

3.11.1 准备工作

饼图可以描述数值的比例关系，其中每个扇区的弧长大小为其所表示的数量的比例。

饼图很紧凑，看上去很有美感，但是它们也因为难以对数量进行比较而备受批评。饼图的另一个不好的特征是它以特定角度（视角）的方式和一定颜色的扇形展示数据，这会使我们的感觉有倾向性，从而影响我们对于所呈现数据得出的结论。

下面演示用饼图呈现数据的不同方式。

3.11.2 操作步骤

首先，创建一个**分裂式**饼图（exploded pie chart）。

```
from pylab import *

# make a square figure and axes
figure(1, figsize=(6,6))
ax = axes([0.1, 0.1, 0.8, 0.8])

# the slices will be ordered
# and plotted counter-clockwise.
labels = 'Spring', 'Summer', 'Autumn', 'Winter'

# fractions are either x/sum(x) or x if sum(x) <= 1
x = [15, 30, 45, 10]

# explode must be len(x) sequence or None
```

```
explode=(0.1, 0.1, 0.1, 0.1)

pie(x, explode=explode, labels=labels,
autopct='%1.1f%%', startangle=67)

title('Rainy days by season')

show()
```

饼图如果绘制在一个正方形的图表中并且有正方形的坐标轴，看上去会非常漂亮。

饼图的每部分的定义为 x/sum(x)，或者在 sum(x) <= 1 为 x。通过给定一个分裂序列，我们可以获得分裂的效果，其中每一个元素表示每个圆弧间偏移量，具体为半径的百分比。用 autopct 参数来格式化绘制在圆弧中的标签，标签可以是一个格式化字符串或者是一个可调用的对象（函数）。

我们也可以使用一个布尔值的阴影参数为饼图添加阴影效果。

如果没有指定 startangle，扇区将从 *x* 轴（角度 0）开始逆时针排列；如果指定 atartangle 的值为 90，饼图将从 *y* 轴开始。

绘制出的饼图如图 3-14 所示。

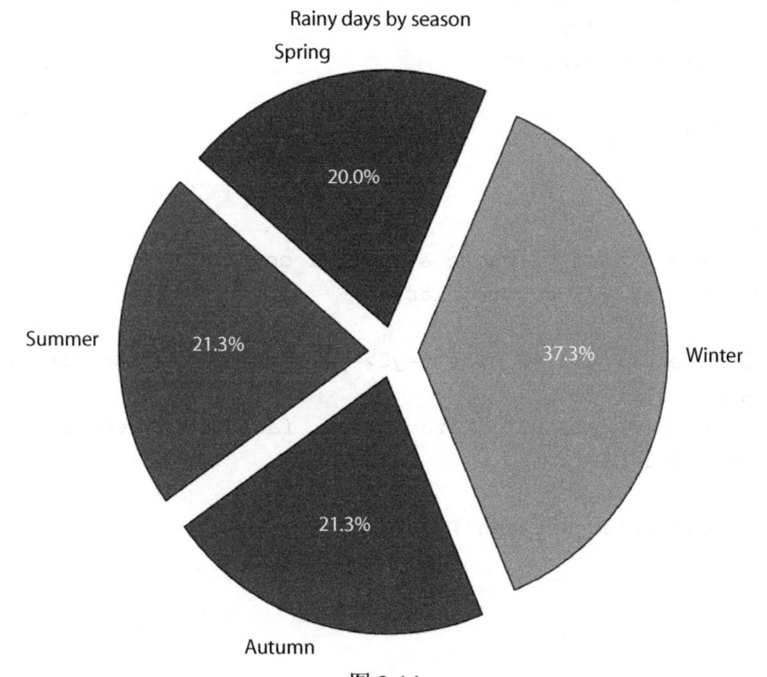

图 3-14

3.12 绘制带填充区域的图表

本节将展示如何对曲线下面的区域或者两个曲线之间的区域进行填充。

3.12.1 准备工作

借助 matplotlib 库，我们可以为曲线之间或者曲线下面的区域填充颜色，这样就可以向读者显示那部分区域的值。有些时候，这对读者（观察者）理解给定的特定信息是非常有帮助的。

3.12.2 操作步骤

下面是一个如何填充两个轮廓线之间的区域的例子。

```
from matplotlib.pyplot import figure, show, gca
import numpy as np

x = np.arange(0.0, 2, 0.01)

# two different signals are measured
y1 = np.sin(2*np.pi*x)
y2 = 1.2*np.sin(4*np.pi*x)

fig = figure()
ax = gca()

# plot and
# fill between y1 and y2 where a logical condition is met
ax.plot(x, y1, x, y2, color='black')

ax.fill_between(x, y1, y2, where=y2>=y1, facecolor='darkblue',
interpolate= True)
ax.fill_between(x, y1, y2, where=y2<=y1, facecolor='deeppink',
interpolate= True)

ax.set_title('filled between')

show()
```

3.12.3　工作原理

在生成预定义间隔的随机信号之后，用常规的 plot() 方法绘制出这两个信号的图形。然后，调用 fill_between() 并传入所需的必选参数。

如图 3-15 所示，fill_between() 方法使用 x 为定位点，选取 y 值（$y1, y2$），然后用几种预定义的颜色绘制出多边形。

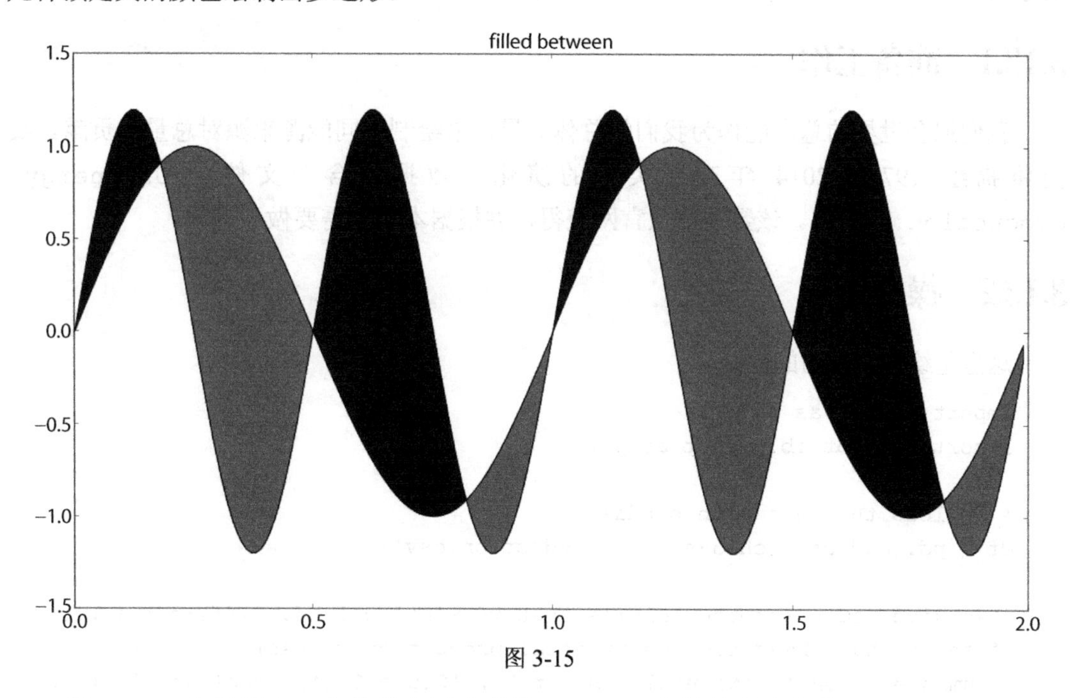

图 3-15

用 where 参数指定一个条件来填充曲线，where 参数接收布尔值（可以是表达式），这样就只会填充满足 where 条件的区域。

3.12.4　补充说明

像许多其他用于绘图的函数一样，fill_between() 方法也接收许多参数，比如 hatch（指定填充的样式替代颜色）和线条选项（linewidth 和 linestyle）。

另外一个方法是 fill_betweenx()，该方法有相似的填充特性，但是它是针对水平曲线的。

更通用的 fill() 方法提供了对任意多边形填充颜色或者阴影线的功能。

3.13 绘制堆积图

在本节，我们将介绍如何绘制**堆积图**。在绘制数量时，堆积图表示不同部分在总量中的比重。堆积图不仅能表现总体趋势，也能表现构成总体数量的每一个独立部分的趋势。

3.13.1 准备工作

我们把全世界的总产能作为我们的总体数量，来绘制不同能源来源对总量的贡献。我们将描绘 1973～2014 年产能类型的演化。数据包含在文件 ch03-energy-production.csv 中。该数据可从官网获得，并根据本节的需要做了调整。

3.13.2 操作步骤

这里是绘制堆积图的代码。

```
import pandas as pd
import matplotlib.pyplot as plt

# We load the data with pandas.
df = pd.read_csv('ch03-energy-production.csv')

# We give names for the columns that we want to load. Different types
of energy have been ordered by total production values).
columns = ['Coal', 'Natural Gas (Dry)', 'Crude Oil', 'Nuclear Electric
Power',
 'Biomass Energy', 'Hydroelectric Power', 'Natural Gas Plant Liquids',
 'Wind Energy', 'Geothermal Energy', 'Solar/PV Energy']

# We define some specific colors to plot each type of energy produced.
colors = ['darkslategray', 'powderblue', 'darkmagenta', 'lightgreen',
'sienna',
'royalblue', 'mistyrose', 'lavender', 'tomato', 'gold']

# Let's create the figure.
plt.figure(figsize = (12,8))
polys = plt.stackplot(df['Year'], df[columns].values.T, colors = colors)

# The legend is not yet supported with stackplot. We will add it manually.
```

```
rectangles= []
for poly in polys:
rectangles.append(plt.Rectangle((0, 0), 1, 1, fc=poly.get_facecolor()[0]))
legend = plt.legend(rectangles, columns, loc = 3)
frame = legend.get_frame()
frame.set_color('white')

# We add some information to the plot.
plt.title('Primary Energy Production by Source', fontsize = 16)
plt.xlabel('Year', fontsize = 16)
plt.ylabel('Production (Quad BTU)', fontsize = 16)
plt.xticks(fontsize = 16)
plt.yticks(fontsize = 16)
plt.xlim(1973,2014)

# Finally we show the figure.
plt.show()
```

代码生成的图表如图 3-16 所示。

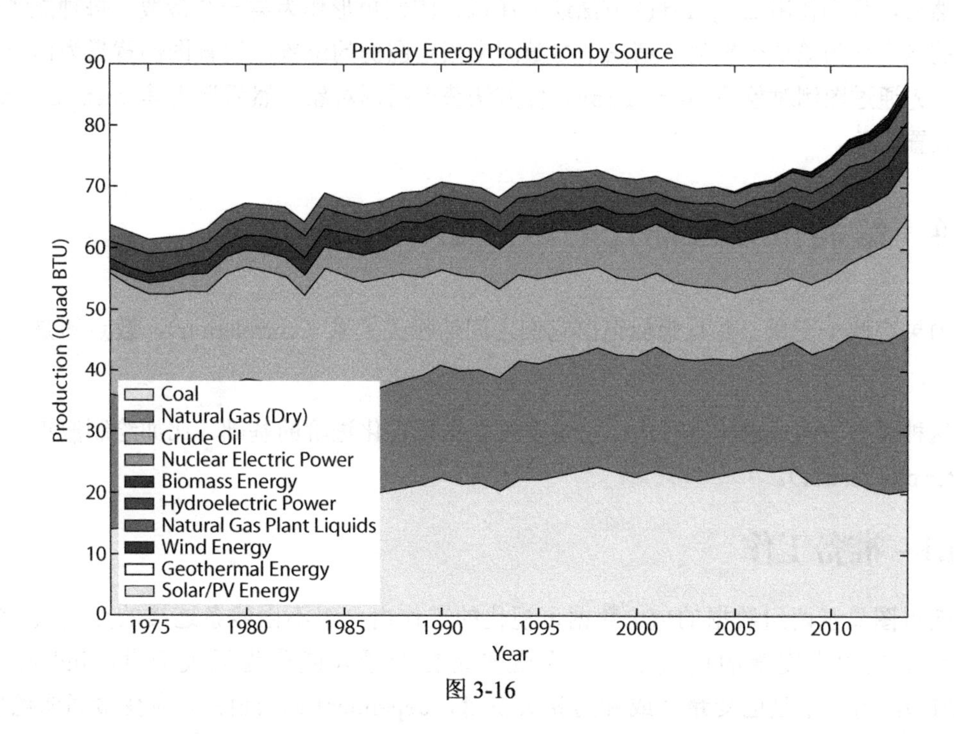

图 3-16

从图 3-16 我们可以看到，世界的产能是不断上升的，并且从 2005 年起进入了一个快速增长阶段。我们也能分析出每一个能源类型的演化情况。煤产量缓慢下降，同时天然气和原油开采量持续上升。核能产量也开始在减少。在堆积图的顶部（放大后会更清楚），我们可以看到可再生能源仍然只是全球产能总量中很微不足道的一部分。堆积图在展现这种数据集合方面的表现堪称完美。

3.13.3　工作原理

stackplot()方法和 plot()方法很相似，只不过它的第二个参数是一个多维数组。该数组的第一维度是填充区域的数目，第二个维度和第一个参数数组相同。在上面这个例子中，df['Year']的形状是(42,)，df[columns].values.T 的形状是(10, 42)。注意，这里为了确保第二个数组的格式正确，我们使用了转置操作符 T。stackplot()返回了一个多边形的列表，我们把它保存在变量 polys 中。

堆积图目前还不支持图例。因此我们使用 plt.Rectangle()方法创建图例矩形。每个矩形的颜色用 poly.get_facecolor()[0]指定，这里的 ploy 是 stackplot()方法创建的多边形列表中的元素。

然后，我们使用 legend()方法绘制图例，图例矩形作为第一个参数，每种能源类型对应的名字作为第二个参数，第三个参数用来指定图例的位置。设置图例背景为白色。做法是首先通过图例对象的 get_frame()方法获得图框对象，然后调用其 set_color()方法设置颜色。

3.14　绘制带彩色标记的散点图

如果有两个变量，并且想标记出它们之间的相关关系（correlation），散点图是解决方案之一。

这种类型的图形也非常有用，它是多维数据可视化进阶的基础，比如绘制散点图矩阵（scatter plot matrix）。

3.14.1　准备工作

散点图显示两组数据的值。数据可视化的工作由一组不由线条连接的点完成。每个点的坐标位置由变量的值决定。一个变量是自变量（或称为无关变量，independent variable），另一个是应变量（或称为相关变量，dependent variable）。应变量通常绘制在 *y* 轴上。

3.14.2　操作步骤

下述代码绘制了两幅图，一个是不相关数据，另一个是强正相关数据（strong positive correlation）。

```
import matplotlib.pyplot as plt
import numpy as np

# generate x values
x = np.random.randn(1000)

# random measurements, no correlation
y1 = np.random.randn(len(x))

# strong correlation
y2 = 1.2 + np.exp(x)

ax1 = plt.subplot(121)
plt.scatter(x, y1, color='indigo', alpha=0.3, edgecolors='white',
label='no correl')
plt.xlabel('no correlation')
plt.grid(True)
plt.legend()

ax2 = plt.subplot(122, sharey=ax1, sharex=ax1)
plt.scatter(x, y2, color='green', alpha=0.3, edgecolors='grey',
label='correl')
plt.xlabel('strong correlation')
plt.grid(True)
plt.legend()

plt.show()
```

在这里，我们也使用了很多参数，如用来设置图形颜色的 `color`、用来设置点状标记（默认是 `circle`）的 `marker`、`alpha`（**alpha** 透明度）、`edgecolors`（标记的边界颜色）和 `label`（用于图例框）。

得到的图形如图 3-17 所示。

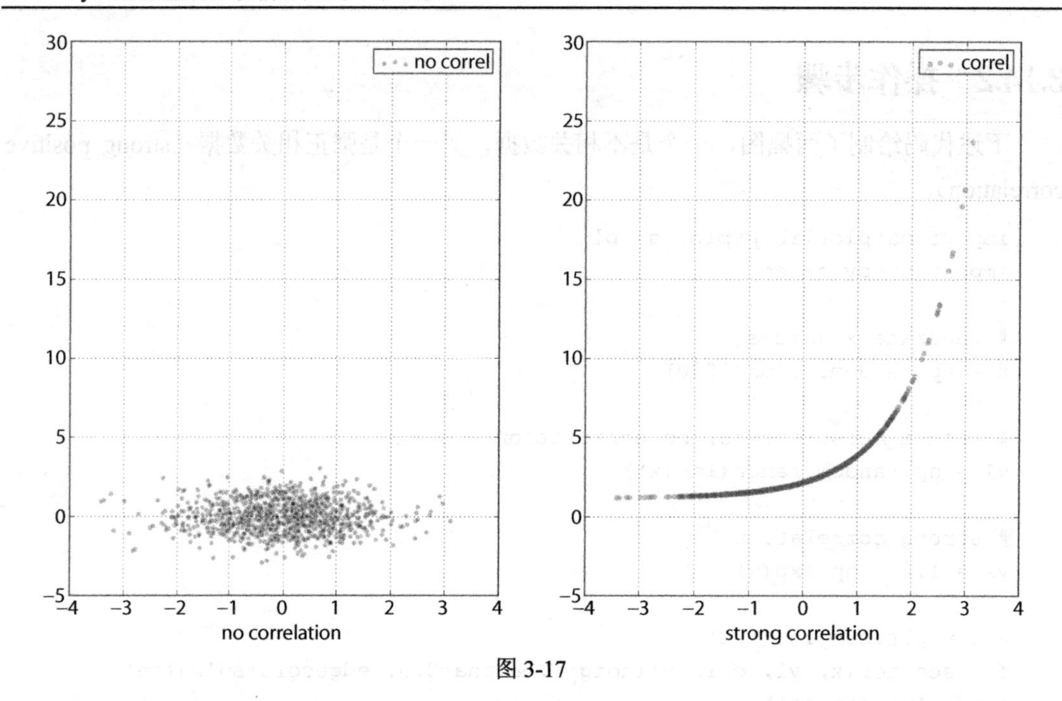

图 3-17

3.14.3 工作原理

散点图通常在应用拟合回归函数之前绘制，用来识别两个变量间的关联。它很好地呈现了相关性的视觉画面，尤其是对于非线性关系的数据。matplotlib 提供的 `scatter()`函数用来绘制相同长度的一维数组 *x* 与 *y* 之间的散点图。

第 4 章
学习更多图表和定制化

本章包含以下内容。

- 设置坐标轴标签的透明度和大小。
- 为图表线条添加阴影。
- 向图表添加数据表。
- 使用 subplots（子区）。
- 定制化网格。
- 创建等高线图。
- 填充图表底层区域。
- 绘制极线图。
- 使用极坐标图可视化文件系统树。
- 定制 matplotlib 绘图风格。

4.1 简介

在本章中，我们会研究 matplotlib 库的一些高级特性。我们将介绍更多的技术，来看看如何得到满意的可视化效果。

有时简单的图表不能够充分展现数据，本章会寻求数据展现中的一些重要问题的解决方案。我们将尝试使用多种类型的图表，或者创建不同图表的混合体来满足一些高级数据结构和特定的展现需求。

4.2 设置坐标轴标签的透明度和大小

Axes 标签对于读者理解图表非常重要，它描述了图表中展现的数据内容。通过向 Axes 添加标签，我们能够帮助读者更准确地理解图表所表达的信息。

4.2.1 准备工作

在深入分析代码之前，十分有必要先了解一下 matplotlib 是如何组织图表的。

最上层是一个 Figure 实例，包含了所有可见的和其他一些不可见的内容。该 Figure 实例包含了一个 Axes 实例字段 Figure.axes。Axes 实例几乎包含了我们所关心的所有东西，如所有的线、点、刻度和标签。因此，当调用 plot() 方法时，程序就会向 Axes.lines 列表添加一个线条的实例（matplotlib.lines.Line2D）。如果绘制了一个直方图（通过调用 hist()），程序就会向 Axes.patches 列表添加许多矩形（“patches①”是从 MATLABTM 继承来的一个术语，表示“颜色补片”的概念）。

Axes 实例也包含了 XAxis 和 YAxis 实例的引用，分别指向相应的 x 轴和 y 轴。XAxis 和 YAxis 管理坐标轴、标签、刻度、刻度标签、定位器和格式器的绘制，我们可以通过 Axes.xaxis 和 Axes.yaxis 分别引用它们。其实不必按照前面所说的方式通过 XAxis 或 YAxis 实例得到标签对象，因为 matplotlib 提供了 helper 方法（实际上是一个捷径）来迭代这些标签，它们是 matplotlib.pyplot.xlabel() 和 matplotlib.pyplot.ylabel()。

4.2.2 操作步骤

我们现在将要创建一个新的图形，然后在其上进行如下操作。

（1）创建一个包含一些随机生成的数据的图表。

（2）添加 title 和 Axes 标签。

（3）添加 alpha 设置。

（4）向 title 和 Axes 标签添加阴影效果。

操作步骤的代码如下。

① patch 直译为补丁，也可译为补片。是一个用颜色填充的图形对象。本书中采用第二种译法。

```
import matplotlib.pyplot as plt
from matplotlib import patheffects
import numpy as np
data = np.random.randn(70)

fontsize = 18
plt.plot(data)

title = "This is figure title"
x_label = "This is x axis label"
y_label = "This is y axis label"

title_text_obj = plt.title(title, fontsize=fontsize,
verticalalignment='bottom')

title_text_obj.set_path_effects([patheffects.withSimplePatchShadow()])

# offset_xy -- set the 'angle' of the shadow
# shadow_rgbFace -- set the color of the shadow
# patch_alpha -- setup the transparency of the shadow

offset_xy = (1, -1)
rgbRed = (1.0,0.0,0.0)
alpha = 0.8

# customize shadow properties
pe = patheffects.withSimplePatchShadow(offset_xy = offset_xy,
shadow_rgbFace = rgbRed,
patch_alpha = alpha)
# apply them to the xaxis and yaxis labels
xlabel_obj = plt.xlabel(x_label, fontsize=fontsize, alpha=0.5)
xlabel_obj.set_path_effects([pe])

ylabel_obj = plt.ylabel(y_label, fontsize=fontsize, alpha=0.5)
ylabel_obj.set_path_effects([pe])

plt.show()
```

4.2.3 工作原理

我们已经知道了所有熟悉的 imports、生成数据的代码和基本的绘图技术，因此我们省略了它们。如果你看不懂示例代码的前几行，请参考第 2 章和第 3 章。

在绘制完数据集合的图表后，接下来准备添加标题和标签，并定制化它们的外观。

首先，添加一个标题。然后设置标题字体的大小，并将标题文本的垂直对齐方式设置为 bottom。如果不带参数地调用 matplotlib.patheffects.withSimplePatchShadow()，会为标题添加默认的阴影效果。参数[1]的默认值为 offset_xy=(2,-2)、shadow_rgbFace= None 和 patch_alpha=0.7。标题文本的垂直对齐方式有 center、top 和 baseline，这里因为要为文本添加阴影，所以选择 bottom。下一行代码为标题添加了阴影效果。路径效果（path effects）是 matplotlib 的 matplotlib.patheffects 模块的部分功能，支持 matplotlib.text.Text 和 matplotlib.patches.Patch。

接着为 *x* 轴和 *y* 轴添加不同的阴影设置。首先，我们自定义相对于父对象[2]的阴影的位置（offset，偏移），然后设置阴影的颜色。颜色在这里用一个范围为 0.0～1.0 浮点数的三元组表示，每一个浮点数代表一个 RGB 通道。因此，红色表示为（1.0，0.0，0.0）（全红、无绿色、无蓝色）。

透明度（或者 alpha）是一个归一化的值，我们为其设置一个不同于默认值的值。

设置完毕后，实例化 matplotlib.patheffects.withSimplePatchShadow 对象，并将其引用保存在 pe 变量中以供后面的代码重用它。

为了能应用阴影效果，我们需要得到 label 对象。这再简单不过了，因为 matplotlib. pyplot.xlabel() 返回了该对象（matplotlib.text.Text）的引用。然后用它来调用 set_path_effects([pe]) 方法。

最后把图表显示出来，好有成就感。

4.2.4 补充说明

如果你不满足于 matplotlib.patheffects 目前提供的效果，那么你可以继承 matplotlib. pathefffects._Base 类，并重写 draw_path 方法。我们将通过下面的代码和注释来了解一下是如何操作的。

https://github.com/matplotlib/matplotlib/blob/master/lib/matplotlib/patheffects.py#L47

① matplotlib 1.5.0 版中从 SimplePatchShadow 中移除了 patch_alpha 和 offset_xy，请用 offset 和 alpha 代替。——译者注

② 即标题文本对象。

4.3　为图表线条添加阴影

为了区分图表中的某一线条，或者仅仅为了保持包含图表在内的所有表格的总体风格一致，有时需要为图表线条（或者直方图）添加阴影效果。在本节中，我们将学习如何向图表添加阴影效果。

4.3.1　准备工作

为了向图表中的线条或者矩形条添加阴影，我们需要使用 matplotlib 内置的 transformation 框架，它位于 `matplotlib.transforms` 模块中。

为了理解所有这些是如何工作的，我们需要解释下 matplotlib 中的 transformation 框架以及它们的工作原理。

transformation 知道如何将给定的坐标从其坐标系转换到显示坐标系中，它们也知道如何将坐标从显示坐标系转换成它们自己的坐标系。

表 4-1 总结了现有的坐标系以及它们描述的内容。

表 4-1

坐标系	transformation 对象	描　　述
`Data`	`Axes.transData`	表示用户的数据坐标系
`Axes`	`Axes.transAxes`	表示 `Axes` 坐标系，其中（0，0）表示轴的左下角，（1，1）表示轴的右上角
`Figure`	`Figure.transFigure`	是 `Figure` 坐标系，其中（0，0）表示图表的左下角，（1，1）表示图表的右上角
`Display`	`None`	表示用户视窗的像素坐标系，其中（0，0）表示视窗的左下角，（width，height）元组表示显示界面的右上角。这里的 width 和 height 都是以像素为单位的

注意，在 transformation 对象列中，视窗坐标系是没有值的。这是因为默认的坐标系就是 `Display` 坐标系，坐标总是在视窗坐标系下并以像素为单位。但这并没有太大的用处，因为大多数情况下我们想把坐标归一化到 `Figure`、`Axes` 或者一个 `Data` 坐标系中。

这个框架能让我们把现有对象转化成一个偏移对象，也就是说，把对象放置到偏离原来对象一段距离的地方。

4.3.2 操作步骤

下面是向图表添加阴影效果的代码。下一小节会对代码进行解释。

```
import numpy as np
import matplotlib.pyplot as plt
import matplotlib.transforms as transforms

def setup(layout=None):
    assert layout is not None

    fig = plt.figure()
    ax = fig.add_subplot(layout)
    return fig, ax

def get_signal():
    t = np.arange(0., 2.5, 0.01)
    s = np.sin(5 * np.pi * t)
    return t, s

def plot_signal(t, s):
    line, = axes.plot(t, s, linewidth=5, color='magenta')
    return line

def make_shadow(fig, axes, line, t, s):
    delta = 2 / 72.  # how many points to move the shadow
    offset = transforms.ScaledTranslation(delta, -delta,
fig.dpi_scale_trans)
    offset_transform = axes.transData + offset

    # We plot the same data, but now using offset transform
    # zorder -- to render it below the line
    axes.plot(t, s, linewidth=5, color='gray',
              transform=offset_transform,
              zorder=0.5 * line.get_zorder())

if __name__ == "__main__":
    fig, axes = setup(111)
    t, s = get_signal()
    line = plot_signal(t, s)
```

```
    make_shadow(fig, axes, line, t, s)

    axes.set_title('Shadow effect using an offset transform')
    plt.show()
```

4.3.3　工作原理

我们从代码后半部分的 `if__name__` 检查语句之后开始阅读。首先通过 `setup()` 创建 `figure` 和 `axes`。然后，得到一个信号（或者说生成一个正弦波数据）。在 `plot_signal()` 方法中绘制出基本的信号图。最后，进行阴影坐标转换并在 `make_shadow()` 方法中绘制出阴影。

使用偏移效果创建一个偏移对象，把阴影放置在原始对象之下并偏移几个点的距离。

原始对象是一个简单的正弦波，用标准的 `plot()` 方法进行绘制。

matplotlib 包含一个 transformations helper——`matplotlib.transforms.ScaledTranslation`。它用来添加偏移转换。

`dx` 和 `dy` 的值以点为单位。点是 0.353mm（1/72 英寸），向右移动偏移对象 2pt，向下移动偏移对象 2pt。

可以使用 `matplotlib.transforms.ScaledTransformation(xtr, ytr, scaletr)` 方法。这里，`xtr` 和 `ytr` 是转换的偏移量，`scaletr` 是一个转换可调用对象（callable），在转换和显示之前对 `xtr` 和 `ytr` 进行比例调整。其最常用的情况是从点转换到显示区域，如 DPI，这样偏移始终保持在相同的位置而与实际的输出设备无关（可以是显示器或者打印的材料）。我们使用的可调用对象已经内置在 matplotlib 中，可以从 `Figure.dpi_scale_trans` 中得到。

然后，用这些转换把数据绘制出来。

4.3.4　补充说明

使用 transforms 添加阴影只是这个框架的一种方法但不是最流行的用法。为了利用 trans formations 框架做更多的事情，我们需要了解 transformation 管道工作原理的详细内容以及有哪些扩展点（如何继承以及继承哪些类）。这非常简单，因为 matplotlib 是开源的，即使一些代码没有很好的文档，你也可以阅读、使用源码或者做些修改，进而为 matplotlib 总体的质量和可用性做些贡献。

4.4 向图表添加数据表

虽然 matplotlib 主要是一个绘图库，但它可以在绘图时帮我们做一些琐事，比如在漂亮的图表旁放置一个整齐的数据表格。本节将学习如何在图表中的图形旁显示一个数据表格。

4.4.1 准备工作

首先，重要的是要理解为什么要向图表添加表格。为数据绘制可视化图形的主要目的是解释那些不能理解（或者很难理解）的数据值。现在，我们想把数据添加回来。仅仅在图表下面生硬地添加一张大表格显然是不明智的做法。

然而，通过精心挑选的、或者来自数据整体集合的总结性的或者突出强调的值，我们可以识别出图表的重要部分，并在一些地方强调一些非常重要的值。在这些地方，这些精确的值（例如以 USD 为单位的年销售额）是非常重要的（或者是必需的）。

4.4.2 操作步骤

这段代码向图表添加了一个示例表格。

```
import matplotlib.pylab as plt
import numpy as np

plt.figure()
ax = plt.gca()
y = np.random.randn(9)

col_labels = ['col1','col2','col3']
row_labels = ['row1','row2','row3']
table_vals = [[11, 12, 13], [21, 22, 23], [28, 29, 30]]
row_colors = ['red', 'gold', 'green']
my_table = plt.table(cellText=table_vals,
colWidths=[0.1] * 3,
rowLabels=row_labels,
colLabels=col_labels,
rowColours=row_colors,
loc='upper right')

plt.plot(y)
plt.show()
```

上述代码段生成图 4-1 所示的图表。

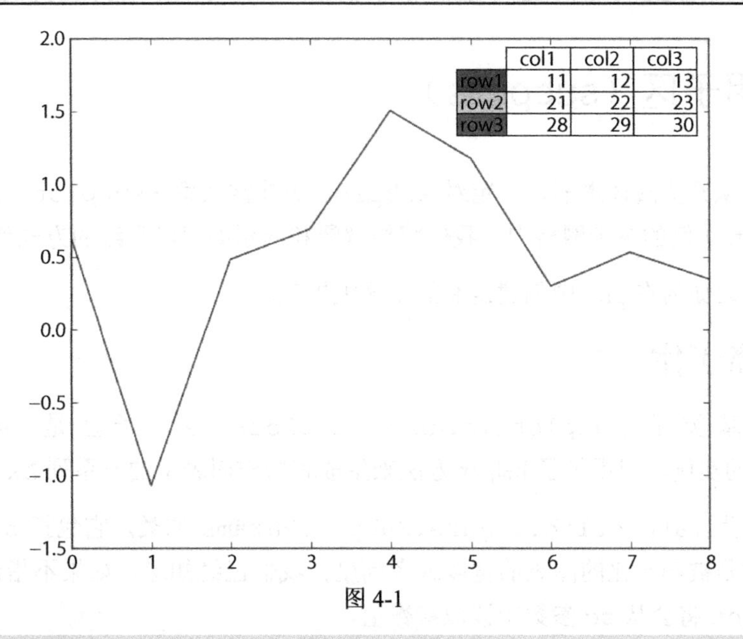

图 4-1

4.4.3　工作原理

使用 plt.table() 方式创建一个带单元格的表格，并把它添加到当前坐标轴中。表格可以有（可选的）行标题和列标题。每个单元格包含文本或补片。表格的列宽和行高是可以指定的。返回值是一个组成表格的对象（文本、线条和补片实例）序列。

基本的函数签名如下。

```
table(cellText=None, cellColours=None,
cellLoc='right', colWidths=None,
rowLabels=None, rowColours=None, rowLoc='left',
colLabels=None, colColours=None, colLoc='center',
loc='bottom', bbox=None)
```

函数实例化并返回一个 matplotlib.table.Table 实例。只有一种方式可以把表格添加到图表中，这也是 **matplotlib** 通常的情况。我们也可以直接访问这个面向对象的接口。在用 add_table() 方法把图表添加到坐标轴实例之前，可以用 matplotlib.table.Table 类直接对表格进行微调。

4.4.4　补充说明

如果我们直接创建一个 matplotlib.table.Table 类的实例，在把它添加到 axes 实例前，你可以有更多的控制。可以使用 Axes.add_table(table) 方法把 table 实例添加到 axes，这里的 table 是 matplotlib.table.Table 类的实例。

4.5 使用子区（subplots）

如果你是从开头阅读本书，一定对 subplot 类非常熟悉。subplot 派生自 Axes，位于 subplot 实例的规则网格中。我们将要解释和演示如何以高级的方式使用子区。

本节将学习如何在 plot 中创建定制的子区配置项。

4.5.1 准备工作

子区的基类是 matplotlib.axes.SubplotBase。子区是 matplotlib.axes.Axes 的实例，但提供了 helper 方法来生成和操作图表中的一系列 Axes。

有一个名为 matplotlib.figure.SubplotParams 的类，它包括 subplot 的所有参数。尺寸是被归一化的图表的宽度或者高度。我们已经知道，如果不指定任何定制化的值，subplot 将会从 rc 参数中读取参数值。

脚本层（matplotlib.pyplot）有操作子区的一些 helper 方法。

matplotlib.pyplot.subplots 可以方便地创建普通布局的子区。我们可以指定网格的大小——子区网格的行数和列数。

我们可以创建共享 *x* 或者 *y* 轴的子区，这通过使用 sharex 或者 sharey 关键字参数来完成。sharex 参数可以设置为 True，这样 *x* 轴就被所有的子区共享。这样一来，刻度标签只在最后一行的子区上可见。它们也可以设置为字符串，枚举值如 row、col、all 或者 none。值 all 和 True 相同，值 none 和 False 相同。如果设置为 row，则每一个子区行共享 *x* 轴坐标；如果设置为 col，则每一个子区列共享 *y* 轴坐标。matplotlib.pyplot.subplots 方法返回一个（fig，ax）元组，其中 ax 可以是一个坐标轴实例。当创建多个子区时，ax 是一个坐标轴实例的数组。

我们用 matplotlib.pyplot.subplots_adjust 来调整子区的布局。关键字参数指定了图表中子区的坐标（left、right、bottom 和 top），其值是归一化的图表大小的值。可以用 wspace 和 hspace 参数指定子区间空白区域的大小，参数值为相应宽度和高度的归一化值。

4.5.2 操作步骤

我们将演示 matplotlib 工具包中的另一个 helper 函数——subplot2grid 的例子。我们定义了网格的几何形状和子区的位置。注意位置是基于 0 的，而不是像在 plot.subplot()

中那样基于 1。也可以使用 colspan 和 rowspan 来让子区跨越给定网格中的多个行和列。例如，创建一个图表，通过 subplot2grid 添加不同的子区布局，并重新配置刻度标签大小。

显示图形的代码如下。

```
import matplotlib.pyplot as plt

plt.figure(0)
axes1 = plt.subplot2grid((3, 3), (0, 0), colspan=3)
axes2 = plt.subplot2grid((3, 3), (1, 0), colspan=2)
axes3 = plt.subplot2grid((3, 3), (1, 2))
axes4 = plt.subplot2grid((3, 3), (2, 0))
axes5 = plt.subplot2grid((3, 3), (2, 1), colspan=2)

# tidy up tick labels size
all_axes = plt.gcf().axes
for ax in all_axes:
forticklabel in ax.get_xticklabels() + ax.get_yticklabels():
ticklabel.set_fontsize(10)

plt.suptitle("Demo of subplot2grid")
plt.show()
```

执行上述代码，我们将创建出图 4-2 所示的图形。

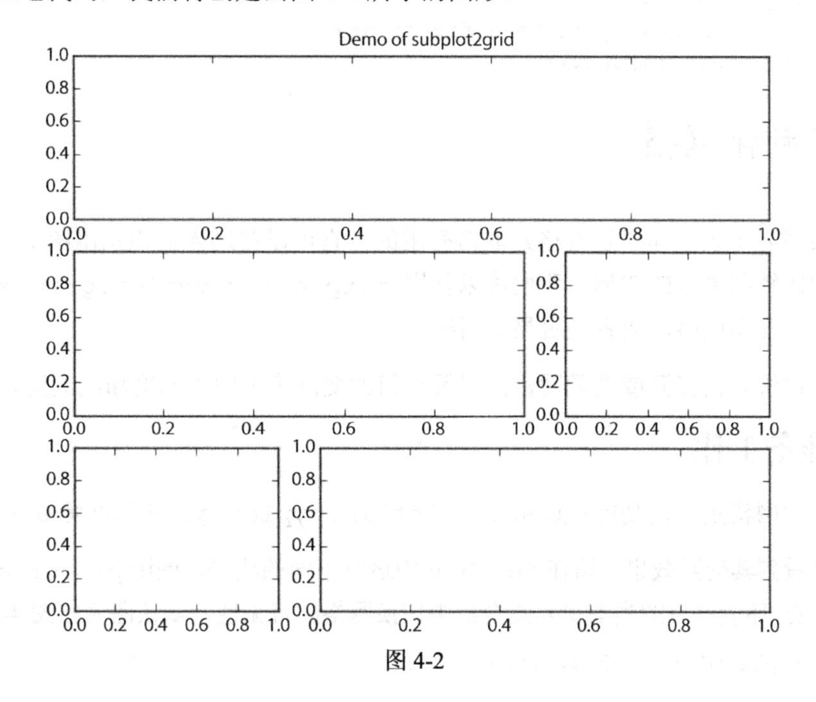

图 4-2

4.5.3 工作原理

向 subplot2grid 方法传入形状参数、位置（loc）参数和可选的 rowspan 及 colspan 参数。这里一个重要的区别是位置从 0 开始索引，而 figure.add_subplot 从 1 开始索引。

4.5.4 补充说明

以下是一个以另一种方式定制化当前 axes 或者 subplot 的例子。

```
axes = fig.add_subplot(111)
rectangle = axes.patch
rectangle.set_facecolor('blue')
```

我们看到每一个 axes 实例包含了一个引用 rectangle 实例的 patch 字段，此字段代表当前 axes 实例的背景。我们可以更新该实例的属性，进而更新当前 axes 的背景。例如，可以改变其颜色，也可以加载一副图像以添加水印保护；也可以先创建一个补片，然后把它添加到 axes 的背景上。

```
fig = plt.figure()
axes = fig.add_subplot(111)
rect = matplotlib.patches.Rectangle((1,1), width=6, height=12)
axes.add_patch(rect)
# we have to manually force a figure draw
axes.figure.canvas.draw()
```

4.6 定制化网格

在线条或者图表下面添加网格是非常有用的，它可以帮助人们识别出图案的不同，并且帮助我们比较图表中的图形。我们可以使用 matplotlib.pyplot.grid 来设置网格的可见度、密度和风格，或者是否显示网格。

本节将讲解如何打开或关闭网格，以及如何改变网格上的主刻度和次刻度。

4.6.1 准备工作

最常用的网格定制化功能可以用 matplotlib.pyplot.grid 辅助函数完成。

为了能看到其交互效果，请在 ipython 中运行下面的代码。调用 plt.grid() 会在由 IPython PyLab 环境开启的当前交互式会话中切换网格的可见性。默认图表如图 4-3 所示。

```
In [1]: plt.plot([1,2,3,3.5,4,4.3,3])
```

```
Out[1]: [<matplotlib.lines.Line2D at 0x3dcc810>]
```

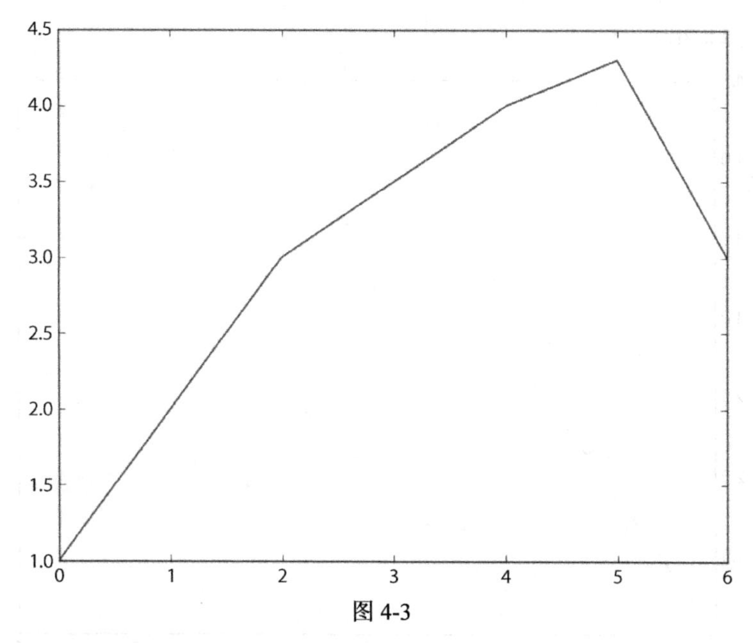

图 4-3

现在我们可以在同一个图表中切换网格。

```
In [2]: plt.grid()
```

把网格打开，如图 4-4 所示。

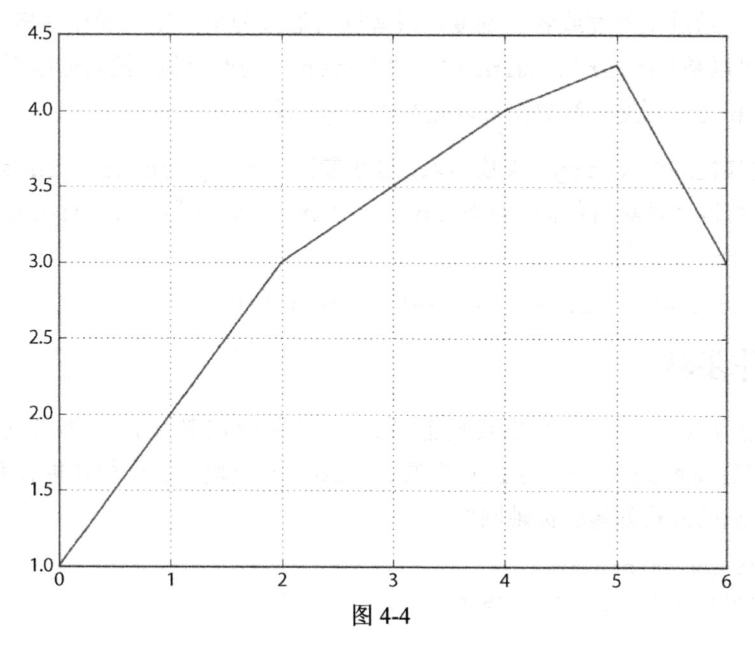

图 4-4

然后关闭网格，如图 4-5 所示。

```
In [3]: plt.grid()
```

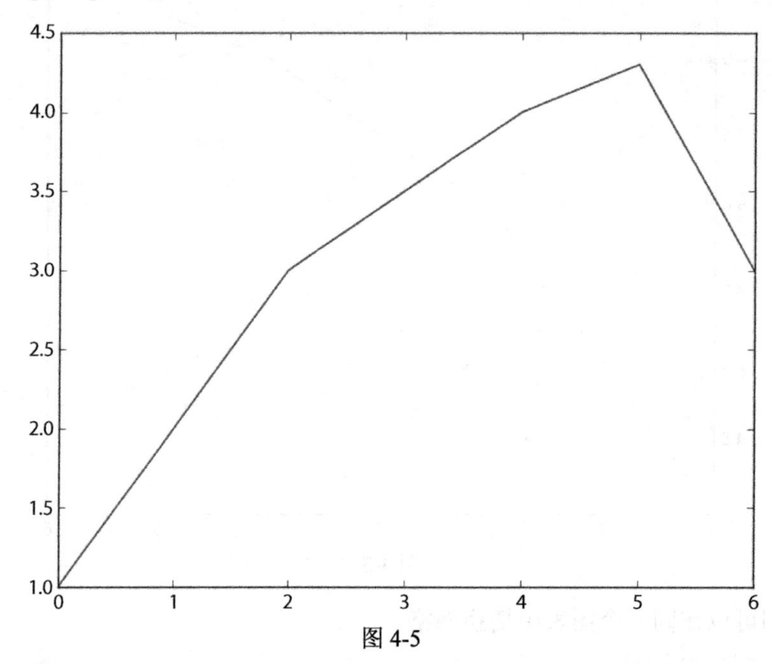

图 4-5

除了打开或关闭网格之外，我们还能进一步定制化网格的外观。

我们可以只通过主刻度或者次刻度，或者同时通过两个刻度来操作网格。因此，函数参数 `which` 可以是`'major'`、`'minor'`或者`'both'`。与此类似，我们可以通过参数 `axis` 控制水平刻度和垂直刻度，参数值可以是`'x'`、`'y'`或者`'both'`。

所有其他属性通过 kwargs 参数传入，这些参数和 `matplotlib.lines.Line2D` 实例可以接受的标准属性集合相同，比如 `color`、`linestyle` 和 `linewidth`。这里有一个例子，代码如下。

```
ax.grid(color='g', linestyle='--', linewidth=1)
```

4.6.2 操作步骤

以上这些方式很有用，但是我们想要进行更多的定制化，就需要更深入地了解 **matplotlib**，然后找到 `mpl_toolkits` 中的 `AxesGrid` 模块。这个模块能让我们以一种更加简单且可管理的方式创建坐标轴网格。

```
import numpy as np
import matplotlib.pyplot as plt
```

```
from mpl_toolkits.axes_grid1 import ImageGrid
from matplotlib.cbook import get_sample_data

def get_demo_image():
    f = get_sample_data("axes_grid/bivariate_normal.npy", asfileobj=False)
    # z is a numpy array of 15x15
    Z = np.load(f)
    return Z, (-3, 4, -4, 3)

def get_grid(fig=None, layout=None, nrows_ncols=None):
    assert fig is not None
    assert layout is not None
    assert nrows_ncols is not None

    grid = ImageGrid(fig, layout, nrows_ncols=nrows_ncols,
                     axes_pad=0.05, add_all=True, label_mode="L")
    return grid

def load_images_to_grid(grid, Z, *images):
    min, max = Z.min(), Z.max()
    for i, image in enumerate(images):
        axes = grid[i]
        axes.imshow(image, origin="lower", vmin=min, vmax=max,
                    interpolation="nearest")

if __name__ == "__main__":
    fig = plt.figure(1, (8, 6))
    grid = get_grid(fig, 111, (1, 3))
    Z, extent = get_demo_image()

    # Slice image
    image1 = Z
    image2 = Z[:, :10]
    image3 = Z[:, 10:]

    load_images_to_grid(grid, Z, image1, image2, image3)

    plt.draw()
    plt.show()
```

上述代码绘制出图 4-6 所示的图形。

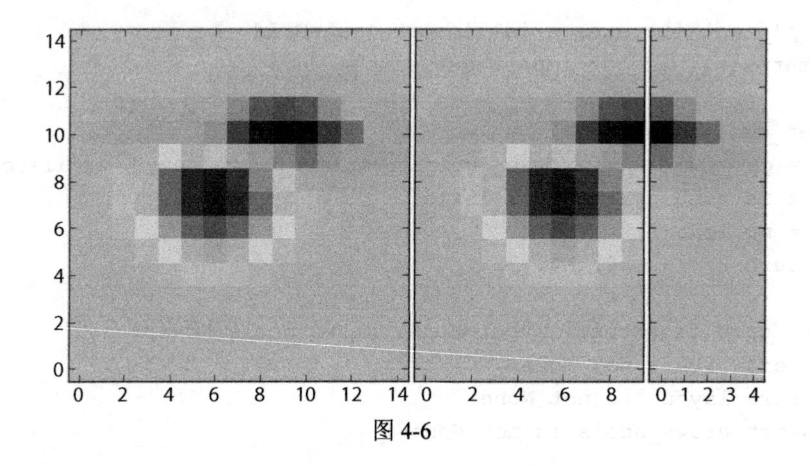

图 4-6

4.6.3 工作原理

在函数 get_demo_image 方法中，我们从 matplotlib 的样本数据目录中加载数据。

axes 网格（此例中是 ImageGrid）保存在 grid 列表。

变量 image1、image2、image3 保存了 Z 的切片数据，这些数据是根据 grid 列表的多个坐标轴切分的。

循环遍历所有的网格，调用标准的 imshow() 方法绘制出 image1、image2、image3[①] 的数据。之后，matplotlib 便渲染出这些排列整齐的图形了。

4.7 创建等高线图

等高线图（contour plot）显示的是矩阵的等值线（isolines）。等值线是用数值相等的各点连成的曲线。数值通过一个带有两个参数的函数[②]获得。

本节将学习如何创建等高线图。

4.7.1 准备工作

Z 矩阵的等高线图由许多等高线表示，这里的 Z 被视为相对于 X-Y 平面的高度。Z 的最小值为 2，并且必须包含至少两个不同的值。

---

① 原文为 im1、im2、im3，应为作者笔误。——译者注

② 可以理解为 $z=f(x,y)$，x 和 y 为函数的两个参数，z 为函数返回值，相同的 z 值连成的曲线即为本节所讲的等高线。

等高线图的缺陷之一是如果在编码时不为等值线添加标签，它便毫无意义，因为我们不能分辨出最高点和最低点，也无法找出局部极小值。

我们需要为等高线图添加标签。可以使用标签（clabel()）或者 colormaps 为等高线添加标签。如果输出媒介允许使用颜色，colormaps 是首选，这会更方便观察者理解数据。

等高线图的另一个风险是如何选择要绘制的等高线数量。如果选择的太多，图表就会变得太密集而难以理解；如果选择的太少，又将丢失信息，从而对数据产生误解。

函数 contour()会自动猜测出将绘制的等高线数量，但也可以指定等高线的数量。

在 matplotlib 中，使用 matplotlib.pyplot.contour 绘制等高线图。

这里有两个相似的函数：contour()绘制等高线，contourf()绘制填充的等高线。我们只演示 contour()，但是几乎所有内容对 contourf()也都是适用的。而且，它们的参数几乎相同。

contour()函数可以有不同的调用签名（如表 4-2 所示），这取决于我们拥有的数据和（或者）我们想可视化的属性。

表 4-2

调用签名	描　述
contour(Z)	绘制 Z（数组）的等高线。自动选择水平值
contour(X, Y, Z)	绘制 X、Y 和 Z 的等高线。X 和 Y 数组为（x, y）平面坐标（surface coordinates）
contour(Z, N)	绘制 Z 的等高线，其中水平数由 N 决定。自动选择水平值
contour(X, Y, Z, N)	
contour(Z, V)	绘制等高线，水平值在 V 中指定
contour(X, Y, Z, V)	
contour(…, V)	填充 V 序列中的水平值之间的 len(V)-1 个区域
contour(Z, **kwargs)	使用关键字参数控制一般线条的属性（颜色、线宽、起点，颜色映射表（color map）等）

X、Y 和 Z 的形状和维度存在一定的限制关系。例如，X 和 Y 可以是二维的，与 Z 形状相同。如果它们是一维的，则 X 的长度等于 Z 的列数，Y 的长度将等于 Z 的行数。

4.7.2 操作步骤

在下面的代码示例中，我们将进行以下操作。

（1）实现一个方法来模拟信号处理器。

（2）生成一些线性信号数据。

（3）把数据转换到合适的矩阵中供矩阵操作使用。

（4）绘制等高线。

（5）添加等高线标签。

（6）显示图形。

```
import numpy as np
import matplotlib as mpl
import matplotlib.pyplot as plt
defprocess_signals(x, y):
return (1 - (x ** 2 + y ** 2)) * np.exp(-y ** 3 / 3)

x = np.arange(-1.5, 1.5, 0.1)
y = np.arange(-1.5, 1.5, 0.1)

# Make grids of points
X, Y = np.meshgrid(x, y)

Z = process_signals(X, Y)

# Number of isolines
N = np.arange(-1, 1.5, 0.3)

# adding the Contour lines with labels
CS = plt.contour(Z, N, linewidths=2, cmap=mpl.cm.jet)
plt.clabel(CS, inline=True, fmt='%1.1f', fontsize=10)
plt.colorbar(CS)

plt.title('My function: $z=(1-x^2+y^2) e^{-(y^3)/3}$')
plt.show()
```

上述代码生成图 4-7 所示的图表。

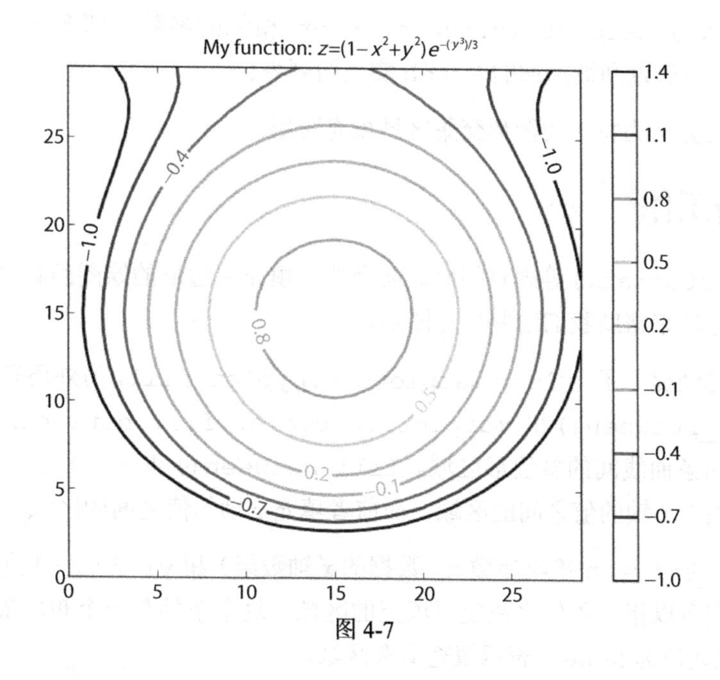

图 4-7

4.7.3　工作原理

我们从 numpy 借助几个辅助方法来创建范围和矩阵。

在对 my_function[①]求值并将其存储在 Z 之后，简单地调用 contour，并传入 Z 和等高线水平数量。

此时，可以尝试用 N arange() 调用中的第三个参数做个实验。例如，尝试对 N=np.arange(-1, 1.5, 0.3) 的参数做一些修改，将值 0.3 改为 0.1 或 1，来体验一下对相同数据进行不同编码时，它在等高线图中呈现的差异。

此外，我们通过简单地传入一个 CS（matplotlib.contour.QuadContourSet 实例）向图表添加了一个颜色映射表。

4.8　填充图表底层区域

在 matplotlib 中绘制填充多边形的基本方式是使用 matplotlib.pyplot.fill。

① 此处所指应为 process_signals 函数。

该方法接收与 matplotlib.pyplot.plot 相似的参数，即多个 *x*、*y* 对和其他 Line2D 属性。方法返回被添加的 Patch 实例的列表。

本节将学习如何为特定的图形交集区域填充阴影。

4.8.1 准备工作

除了如 histogram()等固有的绘制闭合的、填充多边形的绘图函数之外，matplotlib 还提供了几个方法来帮助我们绘制填充图形。

前面我们已经提到了一个——matplotlib.pyplot.fill，另外还有 matplotlib.pyplot.fill_between()和 matplotlib.pyplot.fill_betweenx()函数。这些方法用于填充两条曲线间的多边形区域。fill_between()和 fill_betweenx()主要的区别是后者填充 *x* 轴的值之间的区域，而前者填充 *y* 轴的值之间的区域。

函数 fill_between 接收参数 x（数据的 *x* 轴数组）和 y1 及 y2（数据的 *y* 轴数组）。通过参数，我们可以指定条件来决定要填充的区域。这个条件是一个布尔条件，通常指定 *y* 轴值范围。默认值为 None，表示填充所有区域。

4.8.2 操作步骤

本节从一个简单的例子开始——填充一个简单函数下面的区域。

```
import numpy as np
import matplotlib.pyplot as plt
from math import sqrt

t = range(1000)
y = [sqrt(i) for i in t]
plt.plot(t, y, color='red', lw=2)
plt.fill_between(t, y, color='silver')
plt.show()
```

上述代码生成图 4-8 所示的图形。

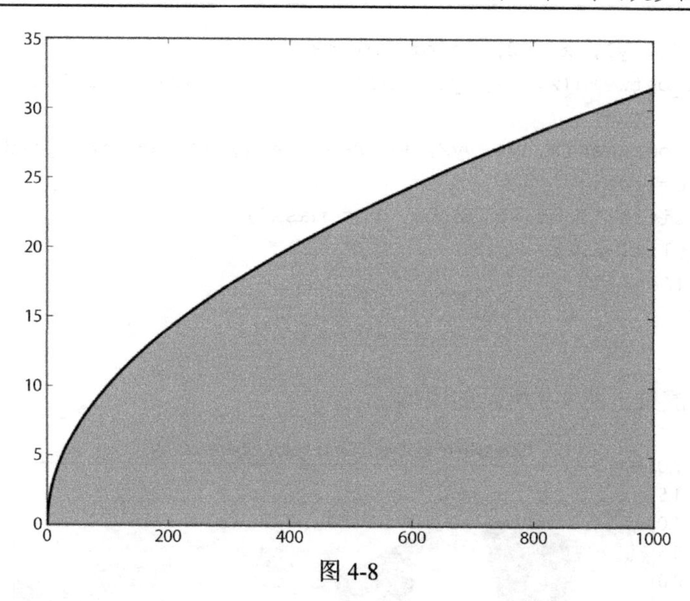

图 4-8

它非常直观地让我们了解了 fill_between()是如何工作的。值得注意的是，fill_between()只是绘制了一个填充了颜色（'silver'）的多边形区域，我们仍然需要使用 plot()绘制实际的函数线条。

在这里，我们将演示另外一个技巧。它将为 fill 函数引入更多的条件，示例代码如下。

```
import matplotlib.pyplot as plt
import numpy as np

x = np.arange(0.0, 2, 0.01)
y1 = np.sin(np.pi*x)
y2 = 1.7*np.sin(4*np.pi*x)

fig = plt.figure()
axes1 = fig.add_subplot(211)
axes1.plot(x, y1, x, y2, color='grey')
axes1.fill_between(x, y1, y2, where=y2<=y1, facecolor='blue',
interpolate=True)
axes1.fill_between(x, y1, y2, where=y2>=y1, facecolor='gold',
interpolate=True)
axes1.set_title('Blue where y2 <= y1. Gold-color where y2 >= y1.')
axes1.set_ylim(-2,2)

# Mask values in y2 with value greater than 1.0
y2 = np.ma.masked_greater(y2, 1.0)
axes2 = fig.add_subplot(212, sharex=axes1)
```

```
axes2.plot(x, y1, x, y2, color='black')
axes2.fill_between(x, y1, y2, where=y2<=y1, facecolor='blue',
interpolate=True)
axes2.fill_between(x, y1, y2, where=y2>=y1, facecolor='gold',
interpolate=True)
axes2.set_title('Same as above, but mask')
axes2.set_ylim(-2,2)
axes2.grid('on')

plt.show()
```

以上代码将渲染出图 4-9 所示的图形。

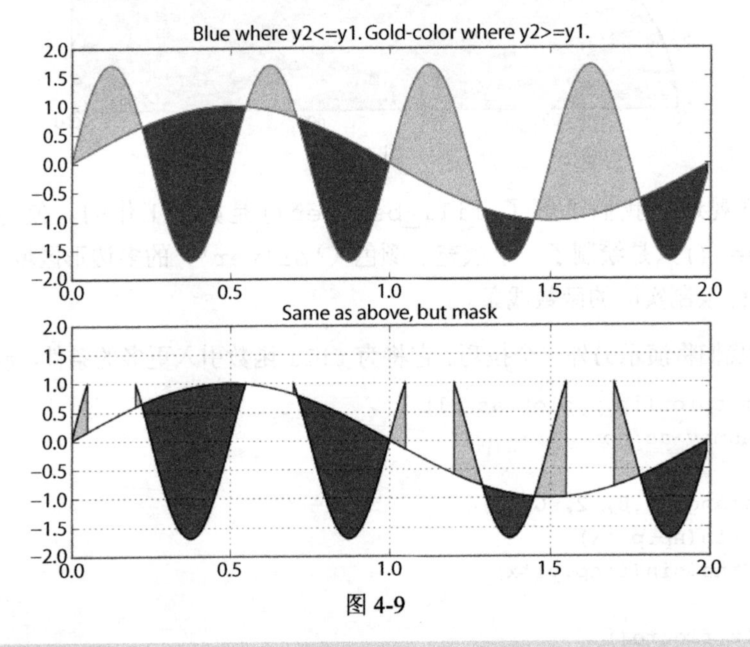

图 4-9

4.8.3　工作原理

这个例子首先创建了两个在某些点重叠的正弦曲线函数。

之外，该示例创建了两个子区，用来比较两种渲染填充区域方式的差异。

在这两种情况下，我们使用了带参数 where 的 fill_between()方法填充 where 等于 True 的区域，其中 where 参数接收一个长度为 N 的布尔数组。

下面的子区演示了 mask_greater，它屏蔽了数组中大于给定值的所有值。这是 numpy.ma 包中的一个方法，用来处理缺失或者无效的值。我们在底部的坐标轴上添加网格使其更加直观。

4.9 绘制极线图

如果数据是以极坐标形式表示的，我们也可以用极线图来把它显示出来。即使数据不在极坐标内，也应该考虑把它转换成极坐标形式并在极线图上画出来。

在决定是否需要这样做之前，我们需要了解数据传达的内容以及希望显示给用户什么内容。揣摩一下用户在看到图表时能从中读到什么并怎样去理解它，这会促使我们呈现出最好的可视化效果。

极线图通常用来显示径向的信息。例如，在太阳轨迹图中，我们可以看到天空在径向的投影，以及向不同角度辐射的天线辐射图。

本节将要介绍如何改变图表使用的坐标系统，并以极坐标系统代替。

4.9.1 准备工作

为了在极坐标下显示数据，我们必须有合适的数据值。在极坐标系统中，点被描述为半径距离（通常表示为 *r*）和角度（通常表示为 *theta*）。角度可以用弧度或者角度表示，但是在 matplotlib 使用角度表示。

和 `plot()` 函数十分相似的是，我们用 `polar()` 函数绘制极线图。`polar()` 函数接收两个相同长度的参数数组 `theta` 和 `r`，它们分别用于角度数组和半径数组。函数也接收其他和 `plot()` 函数相同的格式化参数。

我们需要告诉 matplotlib 坐标轴要在极坐标系统中。这通过向 `add_axes` 或 `add_subplot` 提供 `polar=True` 参数来完成。

此外，为了设置图表中的其他属性，如半径网格或者角度，我们需要使用 `matplotlib.pyplot.rgrids()` 来切换半径网格的显示或者设置标签。同样，需要使用 `matplotlib.pyplot.thetagrid()` 来配置角度刻度和标签。

4.9.2 操作步骤

本节将演示如何绘制极线条，代码如下。

```
import numpy as np
import matplotlib.cm as cm
import matplotlib.pyplot as plt

figsize = 7
```

```
colormap = lambda r: cm.Set2(r / 20.)
N = 18  # number of bars

fig = plt.figure(figsize=(figsize,figsize))
ax = fig.add_axes([0.2, 0.2, 0.7, 0.7], polar=True)

theta = np.arange(0.0, 2 * np.pi, 2 * np.pi/N)
radii = 20 * np.random.rand(N)
width = np.pi / 4 * np.random.rand(N)
bars = ax.bar(theta, radii, width=width, bottom=0.0)
for r, bar in zip(radii, bars):
bar.set_facecolor(colormap(r))
bar.set_alpha(0.6)

plt.show()
```

上述代码将生成图 4-10 所示的图形。

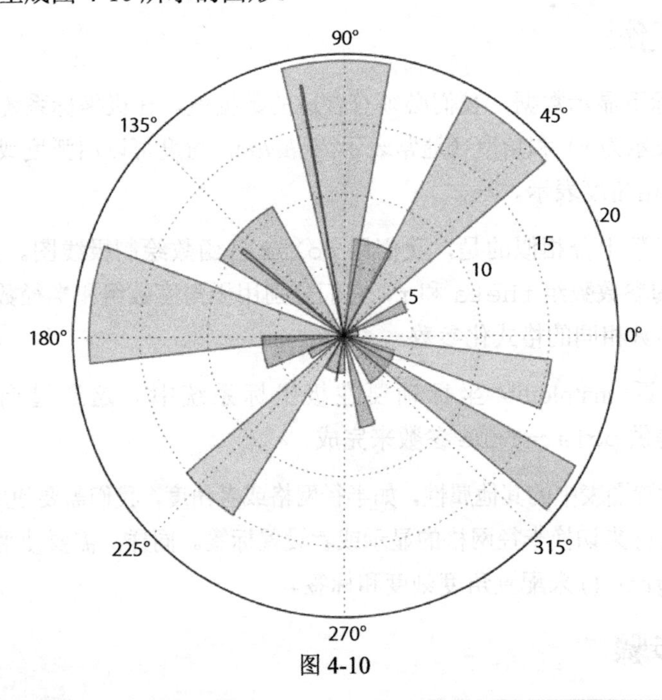

图 4-10

4.9.3 工作原理

首先，创建一个正方形的图表，并向其添加极坐标轴。其实图表不必是正方形的，但是如果不这样的话，极线图便是椭圆形（而不是圆形）的。

然后，为角度（theta）集合和极线距离（radii）生成随机值。因为绘制的是极线条，需要给定每一个极线条一个宽度集合，这就需要生成一些宽度值。因为 matplotlib.axes.bar 接收值的数组（几乎 matplotlib 中所有的绘图函数都是如此），所以不必在这个生成的数据集合上做循环遍历，只需要调用 bar 函数并传入所有的参数即可。

为了区分每一个极线条，我们需要循环遍历添加到 ax（坐标轴）的每一个极线条，并定制化其外观（表面颜色和透明度）。

4.10 使用极线条可视化文件系统树

在本节中，我们想展示如何解决一个“现实世界”中的任务——如何用 matplotlib 可视化目录使用量。

本节将介绍如何可视化文件系统树和相应目录的大小。

4.10.1 准备工作

我们都有大容量的硬盘，有些时候我们都忘记里面存放的内容了。如果可以清楚地看到这样的大文件目录中存储的是什么，以及最大的文件是什么就好了。

虽然有许多更加复杂并且功能强大的软件产品可以完成这项工作，但是我们想用 Python 和 matplotlib 来演示一下是如何完成的。

4.10.2 操作步骤

执行下面的步骤。

（1）实现一些辅助函数来处理找到的文件夹和其内部的数据结构。

（2）实现绘图的主函数 draw()。[①]

```
import os
import sys

import matplotlib.pyplot as plt
import matplotlib.cm as cm
import numpy as np

def build_folders(start_path):
    folders = []
```

① 原文在步骤（2）后面还有一步，但和译文中的步骤（3）重复，因此我将其去掉了。——译者注

```
    for each in get_directories(start_path):
        size = get_size(each)
        if size >= 25 * 1024 * 1024:
            folders.append({'size': size, 'path': each})

    for each in folders:
        print "Path: " + os.path.basename(each['path'])
        print "Size: " + str(each['size'] / 1024 / 1024) + " MB"
    return folders

def get_size(path):
    assert path is not None

    total_size = 0
    for dirpath, dirnames, filenames in os.walk(path):
        for f in filenames:
            fp = os.path.join(dirpath, f)
            try:
                size = os.path.getsize(fp)
                total_size += size
                #print "Size of '{0}' is {1}".format(fp, size)
            except OSError as err:
                print str(err)
                pass
    return total_size

def get_directories(path):
    dirs = set()
    for dirpath, dirnames, filenames in os.walk(path):
        dirs = set([os.path.join(dirpath, x) for x in dirnames])
        break  # we just want the first one
    return dirs

def draw(folders):
    """ Draw folder size for given folder"""
    figsize = (8, 8)  # keep the figure square
    ldo, rup = 0.1, 0.8  # leftdown and right up normalized
    fig = plt.figure(figsize=figsize)
    ax = fig.add_axes([ldo, ldo, rup, rup], polar=True)

    # transform data
    x = [os.path.basename(x['path']) for x in folders]
```

```
    y = [y['size'] / 1024 / 1024 for y in folders]
    theta = np.arange(0.0, 2 * np.pi, 2 * np.pi / len(x))
    radii = y

    bars = ax.bar(theta, radii)
    middle = 90 / len(x)
    theta_ticks = [t * (180 / np.pi) + middle for t in theta]
    lines, labels = plt.thetagrids(theta_ticks, labels=x, frac=0.5)
    for step, each in enumerate(labels):
        each.set_rotation(theta[step] * (180 / np.pi) + middle)
        each.set_fontsize(8)

    # configure bars
    colormap = lambda r:cm.Set2(r / len(x))
    for r, each in zip(radii, bars):
        each.set_facecolor(colormap(r))
        each.set_alpha(0.5)

    plt.show()
```

（3）接下来，我们将实现 main 函数体。当从命令行调用程序时，在 main 函数中验证用户输入的参数。

```
if __name__ == '__main__':
    if len(sys.argv) is not 2:
        print "ERROR: Please supply path to folder."
        sys.exit(-1)

    start_path = sys.argv[1]

    if not os.path.exists(start_path):
        print "ERROR: Path must exits."
        sys.exit(-1)

    folders = build_folders(start_path)

    if len(folders) < 1:
        print "ERROR: Path does not contain any folders."
        sys.exit(-1)

    draw(folders)
```

（4）在命令行中运行下面的命令。

```
$ pythonch04_rec11_filesystem.py /usr/
```

（5）以上代码将生成图 4-11 所示的图表。

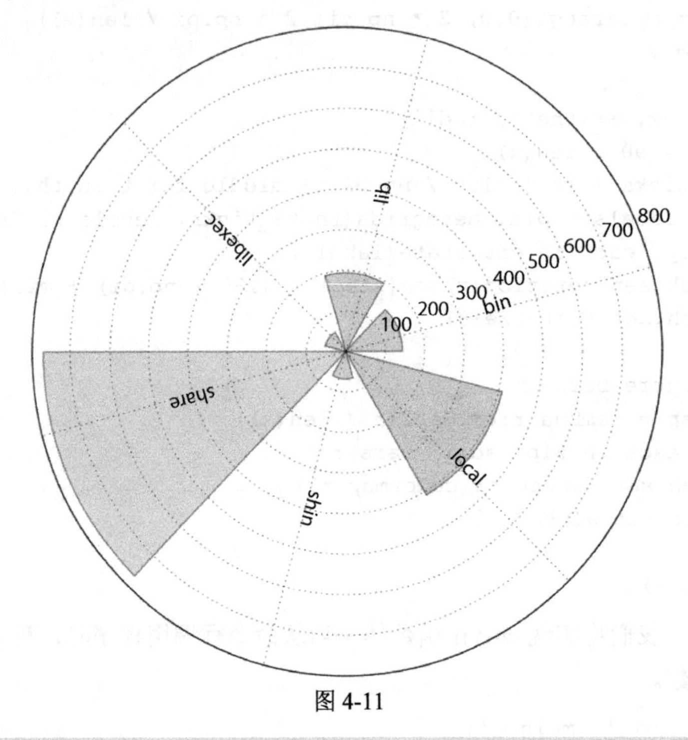

图 4-11

4.10.3 工作原理

我们从代码底部 if __name__ == '__main__'之后的部分开始解析，因为程序是从这里开始执行的。

使用 sys 模块得到命令行参数，它表示我们想要可视化的文件目录的路径。

函数 build_folders 可以创建目录的列表，其中的每一项包含了在给定目录 start_ path 下的目录路径和大小。该方法调用 get_directories，返回 start_ path 下的子目录列表。接下来，对于每一个找到的目录，我们用 get_size 函数计算出目录的字节大小。

为了调试，我们把目录打印出来以便能对图表和数据进行比较。

在创建目录列表后，把它传给函数 draw。draw 函数可以将所有数据转换成正确尺寸（这里采用极坐标系统），创建极线图表，绘制所有极线条、刻度和标签。

严格来讲，我们应该把这项工作划分成更小的函数，尤其是在对代码做进一步开发的时候。

4.11 定制 matplotlib 绘图风格

matplotlib 的默认风格配置只是满足了大多数用户的需求，这也意味着我们为了满足自己的需求，往往需要花些时间对一些细节进行定制化。在本节中，我们将演示如何在 maptlotlib 中创建定制化的可重用风格。这样，我们就只需要进行一次修改就可以将其应用到许多地方。

4.11.1 准备工作

matplotlib 可用的所有风格都存储在 stylelib 目录中，该目录位于 matplotlib 的配置文件夹中。我们可以通过 get_configdir()方法来获得该目录路径。

```
In [1]: import matplotlib

In [2]: matplotlib.get_configdir()
Out[2]: u'~/.matplotlib'
```

我们将把定制化的风格文件保存在该目录中。

4.11.2 操作步骤

首先，创建包含所定制风格说明的文件。

```
axes.titlesize : 12
lines.linewidth : 2
xtick.labelsize : 8
ytick.labelsize : 8
figure.facecolor: white
figure.edgecolor: 555555
xtick.color: 555555

axes.color_cycle: E54A22, 3A89BE
                  # E24A33 : red
                  # 348ABD : blue

axes.facecolor: EEEEEE
```

该风格文件必须保存在 matplotlib 配置文件夹下的 stylelib 目录中，文件名为 mystyle.mplstyle。文件创建后，我们就可以使用该风格了。

```
import matplotlib.pyplot as plt
```

```
import matplotlib
import numpy as np

plt.style.use('mystyle')

x = np.linspace(-2*np.pi, 2*np.pi, 100)
plt.title('sin(x)')
plt.xlabel('x')
plt.ylabel('y')
plt.plot(x, np.sin(x))
plt.plot(x, np.cos(x))
plt.show()
```

结果如图 4-12 所示。

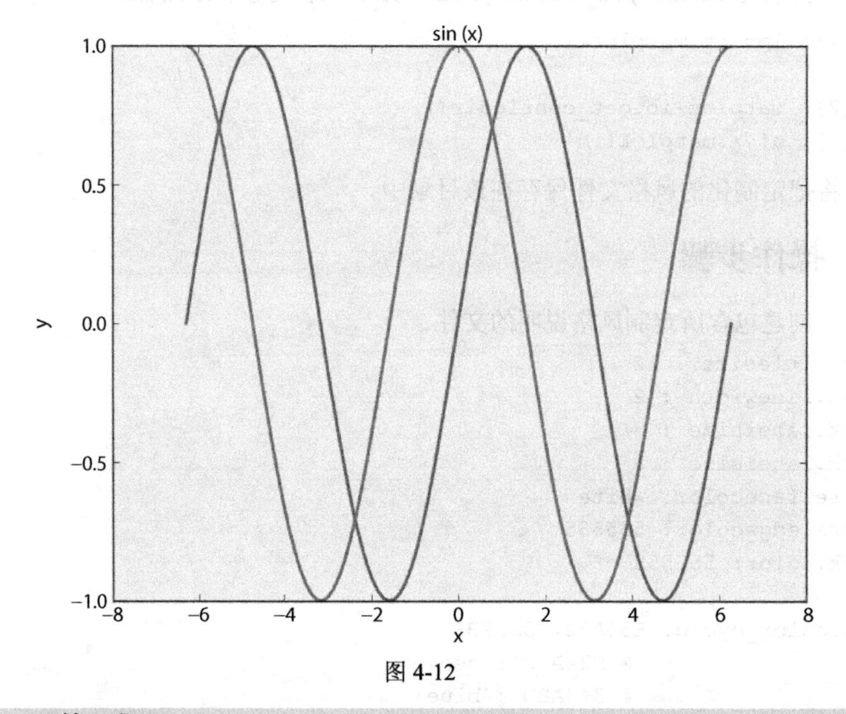

图 4-12

4.11.3 工作原理

mystyle.mplstyle 文件中的每一行可以改变 matplotlib 风格中的一项。在第一行，我们设置图表标题的字体为 12，在第二行，设置线宽为 2，等等。使用 matplotlib.style.use() 来激活一个风格，风格名字由文件名指定，通过参数传入。我们可以通过打印 plt.style.string.available 的结果来显示所有可用的风格。

第5章
创建3D可视化图表

本章包含以下内容。

- 创建3D柱状图。
- 创建3D直方图。
- 在matplotlib中创建动画。
- 用OpenGL制作动画。

5.1 简介

3D可视化有时候是很有效的，而且在某些时候它是唯一的选择。在这里我们将展示一些例子，这些例子满足大部分常用的需求。

本章将会介绍一些3D可视化方面的主题。

5.2 创建3D柱状图

虽然matplotlib主要专注于绘图，并且主要是针对二维图形，但是它也有一些不同的扩展。例如，它能让我们在地理图上绘图，还可以把Excel和3D图表结合起来。在matplotlib的世界里，这些扩展叫作工具包（toolkits）。工具包是一些关注某个主题（如3D绘图）的特定函数的集合。

比较流行的工具包有Basemap、GTK工具、Excel工具、Natgrid、AxesGrid和mplot3d等。

本节将更多地探索关于 mplot3d 的功能。mpl_toolkits.mplot3 工具包提供了一些基本的 3D 绘图功能，其支持的图表类型包括散点图（scatter）、曲面图（surf）、线图（line）和网格图（mesh）。虽然 mplot3d 不是最好的 3D 图形绘制库，但是它是伴随着 matplotlib 产生的，因此对于我们来说其接口并不陌生。

5.2.1 准备工作

基本来讲，我们仍然需要创建一个图表，并在上面添加坐标轴。但不同的是这次为图表指定的是 3D 视图，并且添加的坐标轴是 Axes3D。

现在，我们就可以使用类似的函数来绘图了。当然，函数的参数是不同的，因为需要为 3 个坐标轴提供数据。

例如，我们要为函数 mpl_toolkits.mplot3d.Axes3D.plot 指定 xs、ys、zs 和 zdir 参数。其他的参数则直接传给 matplotlib.axes.Axes.plot。下面来解释一下这些特定的参数。

- xs 和 ys：*x* 轴和 *y* 轴坐标。
- zs：这是 *z* 轴的坐标值，可以是所有点对应一个值，也可以是每个点对应一个值。
- zdir：决定哪个坐标轴作为 *z* 轴的维度（通常是 zs，但是也可以是 xs 或者 ys）。

模块 mpl_toolkits.mplot3d.art3d 包含了 3D artist 代码和将 2D artists 转化为 3D 版本的函数。在该模块中有一个 rotate_axes 方法，该方法可以被添加到 Axes3D 中来对坐标重新排序，这样坐标轴就与 zdir 一起旋转了。zdir 默认值为 z。在坐标轴前加一个'-'会进行反转转换，这样一来，zdir 的值就可以是 x、-x、y、-y、z 或者-z。

5.2.2 操作步骤

以下代码演示了我们所解释的概念。

```
import random

import numpy as np
import matplotlib as mpl
import matplotlib.pyplot as plt
import matplotlib.dates as mdates

from mpl_toolkits.mplot3d import Axes3D
```

```
mpl.rcParams['font.size'] = 10

fig = plt.figure()
ax = fig.add_subplot(111, projection='3d')

for z in [2011, 2012, 2013, 2014]:
    xs = xrange(1,13)
    ys = 1000 * np.random.rand(12)

    color = plt.cm.Set2(random.choice(xrange(plt.cm.Set2.N)))
    ax.bar(xs, ys, zs=z, zdir='y', color=color, alpha=0.8)

ax.xaxis.set_major_locator(mpl.ticker.FixedLocator(xs))
ax.yaxis.set_major_locator(mpl.ticker.FixedLocator(ys))


ax.set_xlabel('Month')
ax.set_ylabel('Year')
ax.set_zlabel('Sales Net [usd]')

plt.show()
```

上述代码生成图 5-1 所示的图表。

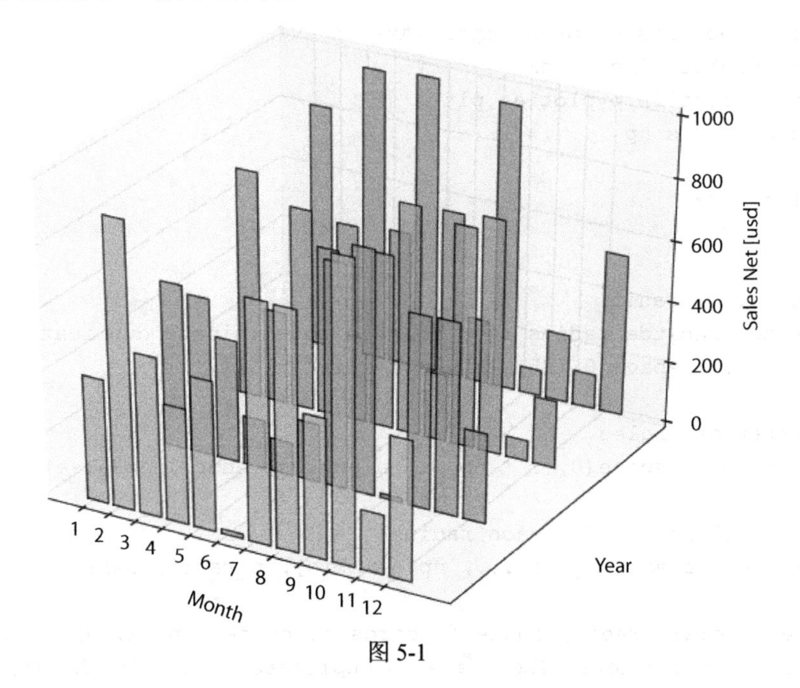

图 5-1

5.2.3 工作原理

我们需要像在 2D 世界中那样做相同的准备工作。不同的是，在这里需要指定后端（backend）的种类，然后生成一些随机数据，例如 4 年的销售额（2011-2014）。

我们需要为 3D 坐标轴指定相同的 *Z* 值。

从颜色映射集合中随机选择一种颜色，然后把它和每一个 Z-order 集合的 `xs`、`ys` 对关联起来。最后，用 `xs`、`ys` 对渲染出柱状条序列。

5.2.4 补充说明

其他的一些 matplotlib 的 2D 绘图函数在这里也是可以用的，例如 `scatter()`和 `plot()`有着相似的接口，但有额外的点标记大小参数。我们对 `contour`、`contourf` 和 `bar` 也非常熟悉。

仅在 3D 中出现的新图表类型分为线框图（wireframe）、曲面图（surface）和三翼面图（tri-surface）。

在下面的示例代码中，我们将绘制著名的 Pringle 函数的三翼面图，数学专有名词为双曲面抛物线（hyperbolic paraboloid）。

```
from mpl_toolkits.mplot3d import Axes3D
from matplotlib import cm
import matplotlib.pyplot as plt
import numpy as np

n_angles = 36
n_radii = 8

# An array of radii
# Does not include radius r=0, this is to eliminate duplicate points
radii = np.linspace(0.125, 1.0, n_radii)

# An array of angles
angles = np.linspace(0, 2 * np.pi, n_angles, endpoint=False)

# Repeat all angles for each radius
angles = np.repeat(angles[..., np.newaxis], n_radii, axis=1)

# Convert polar (radii, angles) coords to cartesian (x, y) coords
# (0, 0) is added here. There are no duplicate points in the (x, y) plane
```

```
x = np.append(0, (radii * np.cos(angles)).flatten())
y = np.append(0, (radii * np.sin(angles)).flatten())

# Pringle surface
z = np.sin(-x * y)

fig = plt.figure()
ax = fig.gca(projection='3d')

ax.plot_trisurf(x, y, z, cmap=cm.jet, linewidth=0.2)

plt.show()
```

上面的代码生成图 5-2 所示的图形。

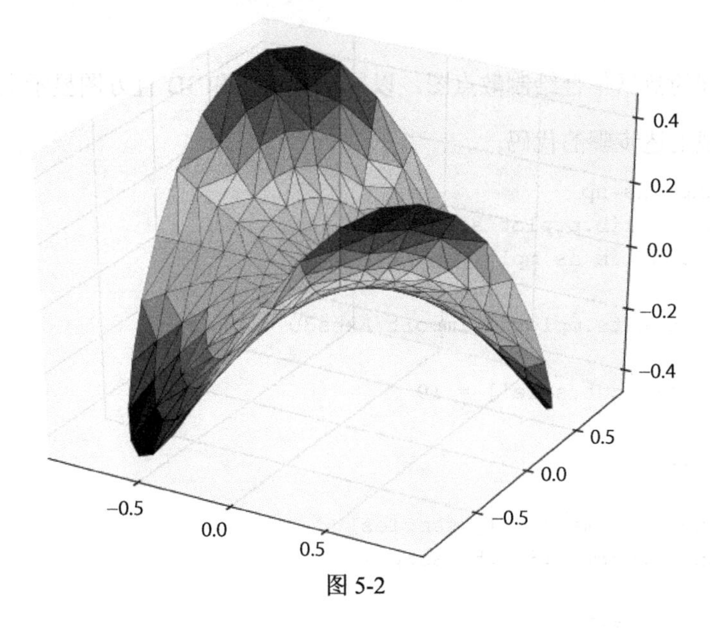

图 5-2

5.3 创建 3D 直方图

像 3D 柱状图一样，我们可能想创建 3D 直方图。3D 直方图可以很容易地识别 3 个独立变量之间的相关性。我们可以用它们来从图像中提取信息，其中第 3 个维度可以是所分析的图像的（x, y）空间通道的强度。

本节将介绍如何创建 3D 直方图。

5.3.1 准备工作

回顾之前的内容，直方图表示的是一些值在特定列（通常叫作“bin”）中的发生率。那么，三维直方图表示的是在一个网格中的发生率。网格是矩形的，表示的是在两列中关于两个变量的发生率。

5.3.2 操作步骤

在整个计算过程中，我们将进行如下操作。

（1）使用 Numpy，因为它有计算两个变量的直方图的函数。

（2）用正态分布函数生成 x 和 y，给它们提供不同的参数，以便能区分结果直方图的相互关系。

（3）用相同的数据集合绘制散点图，以展示散点图和 3D 直方图显示上的差异。

下面是实现上述步骤的代码。

```
import numpy as np
import matplotlib.pyplot as plt
import matplotlib as mpl

from mpl_toolkits.mplot3d import Axes3D

mpl.rcParams['font.size'] = 10

samples = 25

x = np.random.normal(5, 1, samples)
y = np.random.normal(3, .5, samples)

fig = plt.figure()
ax = fig.add_subplot(211, projection='3d')

# compute two-dimensional histogram
hist, xedges, yedges = np.histogram2d(x, y, bins=10)

# compute location of the x,y bar positions
elements = (len(xedges) - 1) * (len(yedges) - 1)
xpos, ypos = np.meshgrid(xedges[:-1]+.25, yedges[:-1]+.25)

xpos = xpos.flatten()
```

```
ypos = ypos.flatten()
zpos = np.zeros(elements)

# make every bar the same width in base
dx = .1 * np.ones_like(zpos)
dy = dx.copy()

# this defines the height of the bar
dz = hist.flatten()

ax.bar3d(xpos, ypos, zpos, dx, dy, dz, color='b', alpha=0.4)
ax.set_xlabel('X Axis')
ax.set_ylabel('Y Axis')
ax.set_zlabel('Z Axis')

# plot the same x,y correlation in scatter plot
# for comparison
ax2 = fig.add_subplot(212)
ax2.scatter(x, y)
ax2.set_xlabel('X Axis')
ax2.set_ylabel('Y Axis')

plt.show()
```

上述代码生成图 5-3 所示的图形。

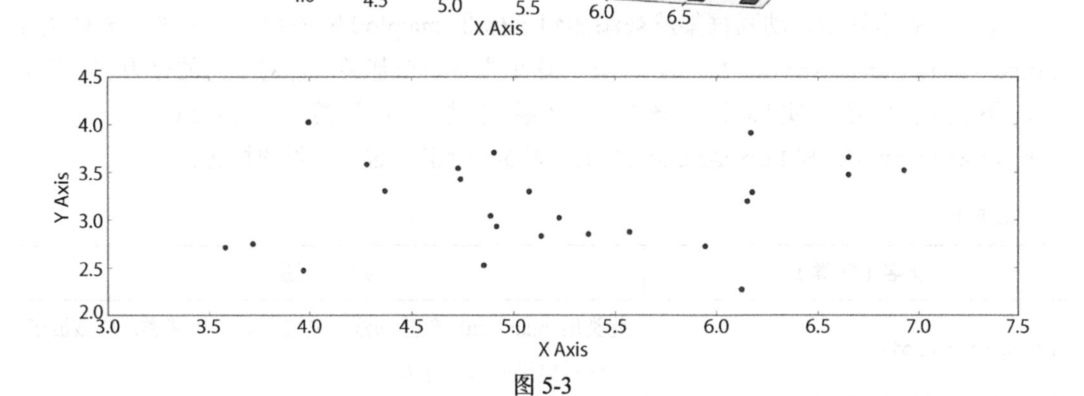

图 5-3

5.3.3 工作原理

我们用 np.histogram2d 生成了一个直方图，该方法返回了直方图（hist）、x 轴和 y 轴方向 bin 的边。

bar3d 函数需要 x、y 空间的坐标，因此需要计算出一般的矩阵坐标，对此我们使用 np.meshgrid 函数把 x 和 y 位置的向量合并到 2D 空间网格中（矩阵）。我们可以使用它在 xy 平面位置上绘制矩形条。

变量 dx 和 dy 表示每一个矩形条底部的宽度，在这里我们把它们设置为常数 0.1。

z 轴上的值（dz）实际上是计算机直方图（在变量 hist 中），它表示在一个特定的 bin 中 x 和 y 样本的个数。

接下来，散点图（图 5-3）中显示的是一个 2D 图形，该图呈现了 x 和 y 这两组相似但起始参数不同的分布间的相互关系。

有时候，3D 可以给予我们更多的信息，它能更好地解释数据。然而在更多情况下，相比 2D 图形，3D 可视化更加让人感到迷惑，所以在选择 3D 绘图之前一定要三思。

5.4 在 matplotlib 中创建动画

本节将学习如何让图表动起来。在解释当变量值改变时会发生什么情况的时候，动画有着更强的描述性。matplotlib 主要函数库的动画能力有限，但通常也能满足需求。接下来我们将讲解如何使用它们。

5.4.1 准备工作

从 1.1 版本开始，动画框架就被添加到了标准 matplotlib 库中，该框架主要的类是 matplotlib.animation.Animation。这个类是一个基类，针对不同的行为它可以派生出不同的子类。实际上，该框架已经提供了几个类：TimedAnimation、ArtistAnimation 和 FuncAnimation。表 5-1 给出了这几个类的描述。

表 5-1

类名（父类）	描　述
Animation(object)	此类用 matplotlib 创建动画。它仅仅是一个基类，应该被子类化以提供所需的行为

续表

类名（父类）	描　述
TimedAnimation(Animation)	这个动画子类支持基于时间的动画，每 interval* milliseconds 时间绘制一个新的帧
ArtistAnimation(TimedAnimation)	在调用此函数之前，所有绘制工作应当已经完成，并且相关的 artists 已经被保存
FuncAnimation(TimedAnimation)	它通过重复地调用一个函数生成动画，可以为函数传入参数，参数是可选的

为了能把动画存储到一个视频文件中，必须安装 ffmpeg 或者 mencoder。这些包的安装根据我们所使用的操作系统的不同以及版本间的差别会有所不同，因此这部分希望读者根据自身情况去网上搜索并安装。

5.4.2　操作步骤

下述代码演示了一些 matplotlib 动画。

```
import numpy as np
from matplotlib import pyplot as plt
from matplotlib import animation

fig = plt.figure()
ax = plt.axes(xlim=(0, 2), ylim=(-2, 2))
line, = ax.plot([], [], lw=2)

def init():
    """Clears current frame."""
    line.set_data([], [])
    return line,


def animate(i):
    """Draw figure.
    @param i: Frame counter
    @type i: int
    """
    x = np.linspace(0, 2, 1000)
    y = np.sin(2 * np.pi * (x - 0.01 * i)) * np.cos(22 * np.pi * (x -
0.01 * i))
    line.set_data(x, y)
```

```
    return line,


# This call puts the work in motion
# connecting init and animate functions and figure we want to draw
animator = animation.FuncAnimation(fig, animate, init_func=init,
                                   frames=200, interval=20, blit=True)
# set blit to False if you're under OS X!

# This call creates the video file.
# Temporary, every frame is saved as PNG file
# and later processed by ffmpeg encoder into MPEG4 file
# we can pass various arguments to ffmpeg via extra_args
animator.save('basic_animation.mp4', fps=30,
              extra_args=['-vcodec', 'libx264'],
              writer='ffmpeg_file')
plt.show()
```

本代码将在执行该文件的文件夹中创建文件 basic_animation.mp4，同时显示一个有动画的图形窗口。该视频文件可以用大多数支持 MPEG-4 格式的视频播放器打开。图形（帧）看上去如图 5-4 所示。

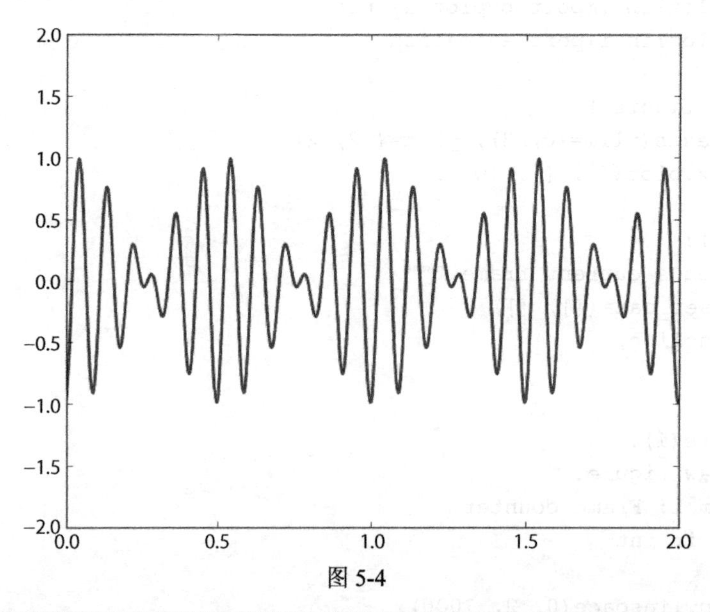

图 5-4

5.4.3 工作原理

上面例子中重要的几个函数是 init()、animate()和 save()。首先，通过向

FuncAnimation[①]传入两个回调函数：init 和 animator。然后，调用它的 save()方法保存视频文件。表 5-2 是每一个函数的细节内容。

表 5-2

函　数　名	用　　法
init	通过参数 init_func 传入 matplotlib.animation.FuncAnimation 构造器中，在绘制下一帧前清空当前帧
animate	通过参数 func 传入 matplotlib.animation.FuncAnimation 构造器中。 通过 fig 参数传入想要绘制动画的图形窗口，其内部实际上是将 fig 传入到 matplotlib.animation.FuncAnimation 构造器中，把要绘制图形的窗口和动画事件关联起来。该函数从 frames、通常是表示许多帧的迭代器中获取（可选的）参数
matplotlib.an-imation.Anima-tion.save	通过绘制每一帧来保存一个视频文件。在通过编码器（FFmpeg 或者 MEncoder）创建一个视频文件之前，先创建临时图像文件。该方法也接收各种参数来配置视频输出、元数据（如作者等）、使用的编码器、分辨率/大小等。其中一个参数是用来指定使用何种视频编码器的，目前支持的类型有 ffmpeg、ffmpeg_file 和 mencoder

5.4.4　补充说明

matplotlib.animation.ArtistAnimation 的用法和 FuncAnimation 不同，我们必须事先绘制出每一个 artist，然后用所有 artist 的不同帧来实例化 ArtistAnimation 类。artist 动画是对 matplotlib.animation.TimedAnimation 类的一种封装，每 *N* 毫秒绘制一次帧，因此它支持基于时间的动画。

不幸的是，对于 Mac OS X 的用户来说，动画框架在该平台上却让人很苦恼，有时候甚至不能工作。这在 matplotlib 未来的版本中会有所改进。

① 原文为 FuncAnimate，应为作者笔误。

5.5 用 OpenGL 制作动画

使用 OpenGL 的动机来源于 CPU 处理能力的限制，这种限制体现在当我们面临一项要可视化成千上万个数据点的工作，并且要求其快速执行（有时甚至是实时执行）的时候。

现代计算机拥有强大的 GPU 用于加速与可视化相关的计算（比如游戏）。它们没有理由不能用于科学相关的可视化。

实际上，编写硬件加速的软件至少有一个缺点。就硬件的依赖而言，现代图形卡要求有专有的驱动，有时候驱动在目标平台/机器（例如用户的笔记本）上是无法使用的；即使是可用的，有时候你也不想待在那儿花大把的时间去安装驱动所依赖的软件。相反，你想把时间花费在展示你的发现、演示你的研究成果上。虽然这并不会成为编写硬件加速软件的障碍，但是你还是需要考虑一下这件事情，并且衡量一下在项目中引入这个复杂性的成本和收益。

解释完缺点后，我们可以对硬件加速可视化说“是”；可以对 OpenGL，这一图形加速的工业标准说“是”。

我们将使用 OpenGL 来完成本节的内容，因为它是跨平台的，所以所有的例子在 Linux、Mac 或者 Windows 上都应该是工作的，就像我们所演示的那样。这里假定你已经安装了所需的硬件和操作系统级别的驱动。

5.5.1 准备工作

如果你从来没有使用过 OpenGL，现在我们对其做一个快速的介绍来帮助你理解。但是要真正地了解 OpenGL，至少要阅读并理解一整本书。OpenGL 是一个规范，而不是一个实现，因此 OpenGL 本身并没有任何实现代码，所有的实现是遵循该规范而开发的库。这些库是跟随你的操作系统，或者由像 NVIDIA 和 AMD/ATI 这些不同的显卡厂商发布的。

此外，OpenGL 只关注图形渲染而不是动画、定时和其他复杂的事情，这些事情是留给其他库来完成的。

OpenGL 动画基础

因为 OpenGL 是一个图形渲染库，所以它不知道我们在屏幕上绘制的是什么。它不关心我们画的是否是一只猫、一个球，或者一条线，还是所有这些对象。因此，要移动一个已经渲染的对象，需要清除并重绘整个图像。为了让某个物体动起来，我们需要很快地循环绘制和重绘所有内容，并把它显示给用户，这样用户就认为他/她正在观看一个动画。

在机器上安装 OpenGL 的过程因平台的不同而不同。在 Mac OS X 上，OpenGL 的安装通过系统升级来完成，但是开发库（所谓的“头文件”）是 Xcode 开发包的一部分。

在 Windows 系统上，最好的方式是安装计算机显卡厂商的最新显卡驱动程序。OpenGL 可能并不需要它们就可以工作，但那样的话你就很可能失去了原版驱动程序的最新特性。

在 Linux 平台上，如果你不反对安装闭源软件，那么操作系统发行版自身的软件管理器，或者显卡厂商网站上的二进制安装文件，都提供了可供下载的特定厂商的驱动。Mesa3D 几乎一直都是 OpenGL 的标准实现，它也是最有名的 OpenGL 实现，使用 Xorg 来为 Linux、FreeBSD 和类似操作系统的 OpenGL 提供支持。

基本上，在 Debian/Ubuntu 系统中，应当安装下列软件包及其依赖。

```
$ sudo apt-get install libgl1-mesa-dev libgl-mesa-dri
```

然后，你就可以使用一些开发库和/或框架来实际地编写 OpenGL 支持的应用程序了。

我们在这里只关注 Python 中的 OpenGL 绘图，因此我们将回顾在 Python 中使用最多的、构建在 OpenGL 之上的一些库和框架。我们会提到 matplotlib 及其当前和将来对 OpenGL 的支持。

- Mayavi：这是一个专门用于 3D 的库。
- Pyglet：这是一个纯 Python 的图形库。
- Glumpy：这是一个构建在 Numpy 上的快速图形渲染库。

5.5.2 操作步骤

专业化的项目 Mayavi 是一个功能全面的 3D 图形库，它主要用于高级 3D 渲染。它包含在已经提到的 Python 包中，如 EPD（虽然没有免费许可）。它也是 Windows 和 Mac OS X 操作系统推荐的安装方式。在 Linux 平台上，可以通过 `pip` 轻松地安装它，代码如下。

```
$ pip install mayavi
```

Mayavi 可以作为一个开发库/框架，或者一个应用程序来使用。Mayavi 应用程序包含了一个可视化编辑器，可以用于简单的数据研究和一些交互可视化。

作为一个图形库，Mayavi 的用法和 matplotlib 相似。它可以作为一个脚本接口，或者作为一个完全的面向对象的库来使用。Mayavi 的大多数接口位于 mlab 模块中，它们可以被用于制作动画。例如，可以像下面代码那样来完成一个简单的 Mayavi 动画。

```
import numpy
from mayavi.mlab import *

# Produce some nice data.
n_mer, n_long = 6, 11
pi = numpy.pi
dphi = pi/1000.0
phi = numpy.arange(0.0, 2*pi + 0.5*dphi, dphi, 'd')
mu = phi*n_mer
x = numpy.cos(mu)*(1+numpy.cos(n_long*mu/n_mer)*0.5)
y = numpy.sin(mu)*(1+numpy.cos(n_long*mu/n_mer)*0.5)
z = numpy.sin(n_long*mu/n_mer)*0.5

# View it.
l = plot3d(x, y, z, numpy.sin(mu), tube_radius=0.025,
colormap='Spectral')

# Now animate the data.
ms = l.mlab_source
for i in range(100):
    x = numpy.cos(mu)*(1+numpy.cos(n_long*mu/n_mer +
                                  numpy.pi*(i+1)/5.)*0.5)
    scalars = numpy.sin(mu + numpy.pi*(i+1)/5)
    ms.set(x=x, scalars=scalars)
```

上述代码将生成图 5-5 所示的带旋转图形的窗口。

5.5.3 工作原理

我们生成了一个数据集合，并创建了 *x*、*y* 和 *z* 3 个函数。这些函数被用在 plot3d 函数中作为图形的起始位置。

然后，导入 mlab_source 对象，以便能在点和标量的级别上操作图形。然后使用这个特性在循环中设置特定的点和标量以创建一个 100 帧的旋转动画。

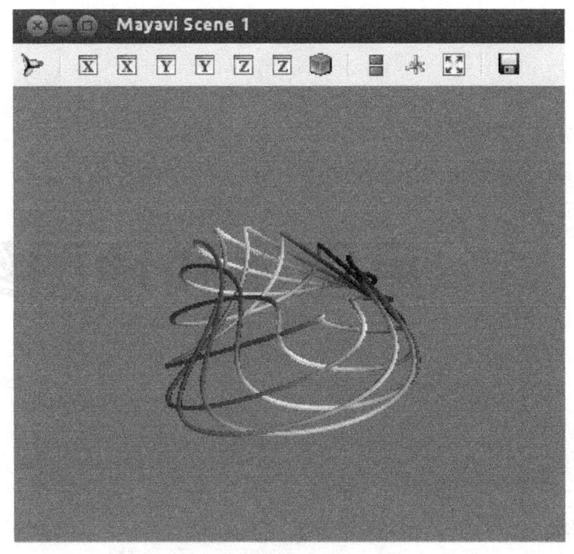

图 5-5

5.5.4　补充说明

如果你想实验更多的内容，最简单的方式是打开 IPython，导入 myayvi.lab，并运行一些名为 test_*的函数。

为了了解具体发生了什么，你可以借助 IPython 的功能来检查和研究 Python 源码，像下面代码显示的这样。

```
In [1]: import mayavi.mlab

In [2]: mayavi.mlab.test_simple_surf??
Type:        function
String Form:<function test_simple_surf at 0x641b410>
File:        /usr/lib/python2.7/dist-packages/mayavi/tools/helper_
functions.py
Definition: mayavi.mlab.test_simple_surf()
Source:
def test_simple_surf():
    """Test Surf with a simple collection of points."""
    x, y = numpy.mgrid[0:3:1,0:3:1]
    return surf(x, y, numpy.asarray(x, 'd'))
```

这里，我们看到如何通过在函数名后添加两个问号（??）让 IPython 找到函数的源码并显示。这是一个真实的探索性计算，经常用于可视化社区中。它是了解数据和代码的一个快速的方式。

第 6 章 用图像和地图绘制图表

本章包含以下内容。

- 用 PIL 做图像处理。
- 绘制带图像的图表。
- 在带其他图形的图表中显示图像。
- 使用 Basemap 在地图上绘制数据。
- 生成 CAPTCHA 图像。

6.1 简介

本章将探索如何使用图像和地图来一起协同工作。Python 有一些著名的图像库，允许我们以美学和科学的方式处理图像。

我们将演示如何通过应用滤波器和调整图像大小来进行图像处理，并以此来了解 PIL 的能力。

另外，我们将展示如何把图像文件作为 matplotlib 图表的注解（annotation）。

为了实现地理数据集合的数据可视化，我们将学习 Python 的可用库和公开 API 的功能，并将其应用于基于地图的视觉呈现中。

在最后一节中我们将展示用 Python 创建 CAPTCHA 测试图像的方法。

6.2 用 PIL 做图像处理

既然我们能用 WIMP 或者 WYSIWYG 来达到相同的目的，为什么要使用 Python 来做图像处理呢？原因是我们想要创建一个自动化的系统来实时地处理图像，而不需要人的参与，从而优化图像处理的流程。

6.2.1 准备工作

请注意，PIL 坐标系统假定坐标（0，0）位于左上角。

Image 模块用一个非常有用的类和一些实例方法来对加载的图像对象（im）执行基本的操作。

- im = Image.open(filename)：打开一个文件，并把图像加载到 im 对象上。
- im.crop(box)：裁剪 box.box 定义的左、上、右、下像素坐标（例如 box = (0, 100, 100, 100)）指定的坐标区域内的图像。
- im.filter(filter)：为图像应用一个滤波器，并返回滤波后的图像。
- im.histogram()：返回该图像的直方图列表，其中的每一个元素代表像素值。对于单通道图像，列表中的元素数目为 256，但是如果图像不是单通道图像，列表中会包含更多元素。对于 RGB 图像，列表包含 768 个元素（每个通道有 256 个值）。
- im.resize(size, filter)：重新调整图像大小，并且使用一个滤波器进行重新采样（resampling）。可选用的滤波器有 NEAREST、BILINEAR、BICUBIC 和 ANTIALIAS。默认值为 NEAREST。
- im.rotate(angle, filter)：逆时针方向旋转图像。
- im.split()：分离图像波段（band）并返回一个单一波段的元组。这对于将一个 RGB 图像分离为 3 个单独的波段图像非常有用。
- im.transform(size, method, data, filter)：用 data 和 filter 对一个给定的图像做转换，转换类型可以是 AFFINE、EXTENT、QUAD 和 MESH。读者可以在官方文档中了解更多关于转换的内容。data 设定了原始图像中转换被应用的区域。

ImageDraw 模块允许我们在图像上绘图，可以用 arc、ellipse、pieslice、point

和 polygon 等函数来修改所加载图像的内容。

ImageChops 模块包含一些图像通道操作函数（因此得名 Chops），这些函数可以被用于图像合成、着色、特效以及其他处理操作。通道操作仅限于 8bit 的图像。下面是一些有趣的通道操作。

- ImageChops.duplicate(image)：复制当前图像到一个新的图像对象。
- ImageChops.invert(image)：反转一幅图像并返回一个副本。
- ImageChops.difference(image1, image2)：在非目测的情况下用来验证两幅图是否相同时非常有用。

ImageFilter 模块包含了卷积核（convolution kernel）类的实现，这些类允许我们创建定制化的卷积核。模块还包含了一些功能健全的常用滤波器，我们能在图像上应用这些著名的滤波器（如 BLUR 和 MedianFilter）。

ImageFilter 模块提供了两种过滤器：固定的图像增强滤波器和需要指定参数的图像滤波器。例如，把要使用的核大小作为参数。

在 IPython 中可以很容易地得到所有固定的滤波器的名字，代码如下。

```
In [1]: import ImageFilter
In [2]: [f for f in dir(ImageFilter) if f.isupper()]
Out[2]:
['BLUR',
 'CONTOUR',
 'DETAIL',
 'EDGE_ENHANCE',
 'EDGE_ENHANCE_MORE',
 'EMBOSS',
 'FIND_EDGES',
 'SHARPEN',
 'SMOOTH',
 'SMOOTH_MORE']
```

下一个例子展示的是如何在支持的图像上应用当前支持的所有固定滤波器。

```
import os
```

```
import sys
from PIL import Image, ImageChops, ImageFilter


class DemoPIL(object):
    def __init__(self, image_file=None):
        self.fixed_filters = [ff for ff in dir(ImageFilter) if ff.isupper()]

        assert image_file is not None
        assert os.path.isfile(image_file) is True
        self.image_file = image_file
        self.image = Image.open(self.image_file)

    def _make_temp_dir(self):
        from tempfile import mkdtemp
        self.ff_tempdir = mkdtemp(prefix="ff_demo")

    def _get_temp_name(self, filter_name):
        name, ext = os.path.splitext(os.path.basename(self.image_file))
        newimage_file = name + "-" + filter_name + ext
        path = os.path.join(self.ff_tempdir, newimage_file)
        return path

    def _get_filter(self, filter_name):
        # note the use python's eval() builtin here to return function
object
        real_filter = eval("ImageFilter." + filter_name)
        return real_filter

    def apply_filter(self, filter_name):
        print "Applying filter: " + filter_name
        filter_callable = self._get_filter(filter_name)
        # prevent calling non-fixed filters for now
        if filter_name in self.fixed_filters:
            temp_img = self.image.filter(filter_callable)
        else:
            print "Can't apply non-fixed filter now."
        return temp_img

    def run_fixed_filters_demo(self):
        self._make_temp_dir()
        for ffilter in self.fixed_filters:
            temp_img = self.apply_filter(ffilter)
```

```
                temp_img.save(self._get_temp_name(ffilter))
            print "Images are in: {0}".format((self.ff_tempdir),)

if __name__ == "__main__":
    assert len(sys.argv) == 2
    demo_image = sys.argv[1]
    demo = DemoPIL(demo_image)
    # will create set of images in temporary folder
    demo.run_fixed_filters_demo()
```

我们可以通过命令行轻易地运行该代码：

```
$ pythonch06_rec01_01_pil_demo.py image.jpeg
```

把这个示例代码封装在 DemoPIL 类中，这样就易于对它进行扩展，且在示例函数 run_fixed_filters_demo 中可以共享相同的代码。在这里，相同的代码包括打开图像文件、测试文件是否是一个真实的文件、创建临时目录以存储滤波后的图像、创建滤波后的图像的文件名和向用户打印有用的信息。这种方式可以代码更好地组织起来，从而我们能更关注演示函数，而不用去接触代码的其他部分。

这个示例将打开图像文件，对该图像应用 ImageFilter 中可用的每一个固定滤波器，并将滤波后的图像存储到唯一的一个临时文件夹中。我们可以得知此临时文件夹的位置，这样就可以用操作系统的文件管理器打开它并查看所创建的图像了。

作为一个可选的练习，你可以尝试扩展这个示例类来向给定的图像应用 ImageFilter 中其他可用的滤波器。

6.2.2 操作步骤

本节的例子将演示如何处理某一特定文件夹下的所有图像文件。指定一个目标路径，用程序读取目标路径（图像文件夹）下的所有图像文件，并按给定比例（本例中为 0.1）调整它们的大小，然后把每一个文件存储到一个名为 thumbnail_folder 的文件夹中。

```
import os
import sys
from PIL import Image


class Thumbnailer(object):
    def __init__(self, src_folder=None):
        self.src_folder = src_folder
        self.ratio = .3
        self.thumbnail_folder = "thumbnails"
```

```
    def _create_thumbnails_folder(self):
        thumb_path = os.path.join(self.src_folder, self.thumbnail_folder)
        if not os.path.isdir(thumb_path):
            os.makedirs(thumb_path)

    def _build_thumb_path(self, image_path):
        root = os.path.dirname(image_path)
        name, ext = os.path.splitext(os.path.basename(image_path))
        suffix = ".thumbnail"
        return os.path.join(root, self.thumbnail_folder, name + suffix
+ ext)

    def _load_files(self):
        files = set()
        for each in os.listdir(self.src_folder):
            each = os.path.abspath(self.src_folder + '/' + each)
            if os.path.isfile(each):
                files.add(each)
    return files

    def _thumb_size(self, size):
        return (int(size[0] * self.ratio), int(size[1] * self.ratio))

    def create_thumbnails(self):
        self._create_thumbnails_folder()
        files = self._load_files()

        for each in files:
            print "Processing: " + each
            try:
                img = Image.open(each)
                thumb_size = self._thumb_size(img.size)
                resized = img.resize(thumb_size, Image.ANTIALIAS)
                savepath = self._build_thumb_path(each)
                resized.save(savepath)
            except IOError as ex:
                print "Error: " + str(ex)

if __name__ == "__main__":
    # Usage:
    # ch06_rec01_02_pil_thumbnails.py my_images
    assert len(sys.argv) == 2
```

```
    src_folder = sys.argv[1]

    if not os.path.isdir(src_folder):
        print "Error: Path '{0}' does not exits.".format((src_folder))
        sys.exit(-1)
    thumbs = Thumbnailer(src_folder)

    # optionally set the name of each thumbnail folder relative to *src_
folder*.
    thumbs.thumbnail_folder = "THUMBS"

    # define ratio to resize image to
    # 0.1 means the original image will be resized to 10% of its size
    thumbs.ratio = 0.1

    # will create set of images in temporary folder
    thumbs.create_thumbnails()
```

6.2.3 工作原理

对于给定的 src_folder 文件夹，我们加载文件夹中的所有文件并尝试用 Image. open()加载其中的每一个文件，这是 create_thumbnails()函数的逻辑。如果尝试加载的文件不是一个图像文件，程序将抛出 IOError 异常，并打印出错误信息，然后忽略这个文件去顺序地读取下一个文件。

如果想对所加载的文件有更多的控制权，我们应当改变_load_files()函数让它只包括特定扩展名（文件类型）的文件，代码如下。

```
for each in os.listdir(self.src_folder):
    if os.path.isfile(each) and os.path.splitext(each) is in
('.jpg', '.png'):
        self._files.add(each)
```

这并不是安全的做法，因为文件扩展名并没有定义文件类型，它只是帮助操作系统为文件关联了一个默认的程序，但是这种方式在大多数情况下是适用的，并且比读取文件头来确定文件内容（这也不能保证文件就真正是其前几个字节所说的格式）要简单。

6.2.4 补充说明

通过 PIL 可以轻易地把图像从一种格式转换到另一种格式，尽管这种方式不经常使用。通过两个简单的操作就可以做到这一点：首先，使用 open()以原格式打开一幅图像，然后用 save()把图像保存成另一种格式。文件格式可以通过文件名的扩展（.png 或者.jpeg）隐式地指定，也可以通过传入 save() 函数的格式参数显式地给出。

6.3　绘制带图像的图表

除了纯数据值之外，图像还可以用来增强可视化的效果。很多例子已经证明，通过使用象征性的图像，我们可以把图表更深刻地映射到观察者的心智模型上，从而帮助他们更好、更持久地记住可视化的信息。一种做法是在数据上放置图像，把数据值和它们要展示的内容映射起来。matplotlib 库可以实现这样的功能，接下来将介绍如何做到这一点。

6.3.1　准备工作

我们使用 Bobby Henderson 创作的故事 *The Gospel of the Flying Spaghetti Monster* 中一个虚构的例子。在这个故事中，作者把海盗数和海面温度关联起来。为了强调这种关联，在测量了海面温度的这些年份中，我们用海盗船的尺寸按比例地表示该年份海盗的数量。

我们将利用 Python matplotlib 库的功能，使用可进行高级位置设置的图像和文本，并用箭头对图表进行注解。

下一节所需要的所有文件都可以在 Chapter06 文件夹下的源代码库中找到。

6.3.2　操作步骤

下面的例子演示了如何用图像和文本向一幅图表添加注解。

```
import matplotlib.pyplot as plt
from matplotlib._png import read_png
from matplotlib.offsetbox import TextArea, OffsetImage,\
     AnnotationBbox


def load_data():
    import csv
    with open('pirates_temperature.csv', 'r') as f:
        reader = csv.reader(f)
        header = reader.next()
        datarows = []
        for row in reader:
            datarows.append(row)
    return header, datarows
```

```
def format_data(datarows):
    years, temps, pirates = [], [], []
    for each in datarows:
        years.append(each[0])
        temps.append(each[1])
        pirates.append(each[2])
    return years, temps, pirates
```

在定义完辅助函数之后，我们可以开始着手创建图表对象并向其添加子区了。我们将把船的图片按比例调整到合适的大小，并用其对每一年的数据进行注解，代码如下。

```
if __name__ == "__main__":
    fig = plt.figure(figsize=(16,8))
    ax = plt.subplot(111)  # add sub-plot

    header, datarows = load_data()
    xlabel, ylabel, = header[0],header[1]
    years, temperature, pirates = format_data(datarows)
    title = "Global Average Temperature vs. Number of Pirates"

    plt.plot(years, temperature, lw=2)
    plt.xlabel(xlabel)
    plt.ylabel(ylabel)

    # for every data point annotate with image and number
    for x in xrange(len(years)):

        # current data coordinate
        xy = years[x], temperature[x]

        # add image
        ax.plot(xy[0], xy[1], "ok")

        # load pirate image
        pirate = read_png('tall-ship.png')

        # zoom coefficient (move image with size)
        zoomc = int(pirates[x]) * (1 / 90000.)

        # create OffsetImage
        imagebox = OffsetImage(pirate, zoom=zoomc)

        # create anotation bbox with image and setup properties
        ab = AnnotationBbox(imagebox, xy,
```

```
                    xybox=(-200.*zoomc, 200.*zoomc),
                    xycoords='data',
                    boxcoords="offset points",
                    pad=0.1,
                    arrowprops=dict(arrowstyle="->",
                        connectionstyle="angle,angleA=0,angleB=
                        -30,rad=3")
                    )
    ax.add_artist(ab)

    # add text
    no_pirates = TextArea(pirates[x], minimumdescent=False)
    ab = AnnotationBbox(no_pirates, xy,
                    xybox=(50., -25.),
                    xycoords='data',
                    boxcoords="offset points",
                    pad=0.3,
                    arrowprops=dict(arrowstyle="->",
                        connectionstyle="angle,angleA=0,angleB=-30,rad=3")
                    )
    ax.add_artist(ab)

plt.grid(1)
plt.xlim(1800, 2020)
plt.ylim(14, 16)
plt.title(title)

plt.show()
```

上述代码将生成图 6-1 所示的图表。

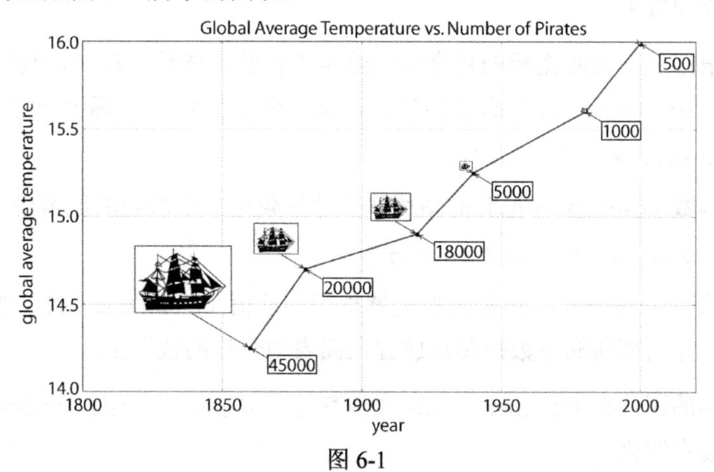

图 6-1

6.3.3 工作原理

我们从创建一个大小适中（也就是 16 × 8）的图表开始。这个尺寸可以适应我们要显示的图像大小。现在我们使用 csv 模块从文件加载数据。实例化一个 csv reader 对象之后，我们对文件数据进行逐行地迭代。注意第一行很特殊，它是描述数据列的列头。已经在 *x* 轴上绘制了年份，在 *y* 轴上绘制了温度，读取坐标轴标签值的代码如下。

```
xlabel, ylabel, _ = header
```

并用下面两行代码设置坐标轴标签。

```
plt.xlabel(xlabel)
plt.ylabel(ylabel)
```

在这里，我们使用简洁的 Python 惯例来将文件头解包（unpack）成 3 个变量。使用“_”作为变量名表明我们不关心那个变量的值。

从 load_data 函数将 header 和 datarows 列表返回给调用端 main。

使用函数 format_data() 读取列表中的每一个元素，并把每一个单独的实体（年份、温度和海盗数）添加到与该实体相关的 ID 列表中。

年份显示在 *x* 轴上，温度显示在 *y* 轴上。海盗数显示为一幅海盗船的图片，同时为了提高精度，海盗的数量也会显示出来。

用标准的 plot() 函数绘制出年份/温度值，除了把线条设置得宽一点（2 pt）之外，没有再添加额外的效果。

为每一个值添加一幅海盗船图片来说明给定年份的海盗数。对此，我们在值的长度范围内（range(len(years))）进行循环，在每一个年份/温度坐标上画上一个黑点：

```
ax.plot(xy[0], xy[1], "ok")
```

使用辅助函数 read_png 把船的图片从文件加载到一个恰当的数组格式上：

```
pirate = read_png('tall-ship.png')
```

计算缩放系数（zoomc），以便我们能够根据当前值（pirates[x]）的海盗数按比例调整图像大小，并用相同的系数把图片放置在图表中合适的位置上。

最后，实际的图片在 OffsetImage（带有与其父亲 AnnotationBbox 相关位置的图像容器）中被实例化。

AnnotationBbox 是一个与注解相似的类，但是它能显示其他的 OffsetBox 实例，而不是像 Axes.annotate 函数那样只显示文本。这允许我们在注解中加载一幅图像或者文本对象，并把它放置在与数据点有一定距离的地方，我们也可以使用箭头功能（arrowprops）精确地指向一个被注解的数据点。

AnnotateBbox 构造函数支持以下参数。

- Imagebox：必须是一个 OffsetBox 实例（例如 OffsetImage），它是注解框的内容。
- xy：与注解关联的数据点坐标。
- xybox：指定注解框的位置。
- xycoords：指定 xy 使用的坐标系统（例如数据坐标）。
- boxcoords：指定 xybox 使用的坐标系统（例如距离 xy 位置的偏移）。
- pad：指定内边距（padding）的数量。
- arrowprops：用于绘制注解边框与数据点的连接箭头的属性字典。

我们使用 pirates 列表中的相同数据项向这个图形添加文本注解，注解的相对位置稍微有些不同。第二个 AnnotationBbox 的大多数参数和第一个相同，我们调整了 xybox 和 pad，以便将文本放置在线条的另一边。文本在 TextArea 类的实例中，这和我们对图像做的事情相似，但是这里的 time.TextArea 文本和 OffsetImage 继承自相同的父类 OffsetBox。

在 TextArea 实例中将文本设置为 no_pirates，并把它放在 AnnotationBbox 中。

6.4 在具有其他图形的图表中显示图像

本节将演示如何使用 Python matplotlib 库来简单但有效地处理图像通道，并显示外部图像的单通道直方图。

6.4.1 准备工作

我们已经提供了一些样本图像，如果你自己的图像是 matplotlib 的 imread 函数所支持的格式，那么你也可以使用你自己的图像。

本节将学习如何组合不同的 matplotlib 图形来实现一个简单的图像查看器的功能。该图像查看器可以显示红、绿、蓝 3 个通道的图像直方图。

6.4.2 操作步骤

为了演示如何搭建一个图像直方图查看器，我们将实现一个简单的 ImageViewer 类，对该类包含的辅助方法的操作如下。

（1）加载图像。

（2）从图像矩阵中分离出 RGB 通道。

（3）配置图表和坐标轴（子区）。

（4）绘制通道直方图。

（5）绘制图像。

下面的代码演示了如何创建一个图像直方图查看器。

```
import matplotlib.pyplot as plt
import matplotlib.image as mplimage
import matplotlib as mpl
import os


class ImageViewer(object):
    def __init__(self, imfile):
        self._load_image(imfile)
        self._configure()

        self.figure = plt.gcf()
        t = "Image: {0}".format(os.path.basename(imfile))
        self.figure.suptitle(t, fontsize=20)

        self.shape = (3, 2)

    def _configure(self):
        mpl.rcParams['font.size'] = 10
        mpl.rcParams['figure.autolayout'] = False
        mpl.rcParams['figure.figsize'] = (9, 6)
        mpl.rcParams['figure.subplot.top'] = .9

    def _load_image(self, imfile):
        self.im = mplimage.imread(imfile)
```

```
    @staticmethod
    def _get_chno(ch):
        chmap = {'R': 0, 'G': 1, 'B': 2}
        return chmap.get(ch, -1)
    def show_channel(self, ch):
        bins = 256
        ec = 'none'
        chno = self._get_chno(ch)
        loc = (chno, 1)
        ax = plt.subplot2grid(self.shape, loc)
        ax.hist(self.im[:, :, chno].flatten(), bins, color=ch, ec=ec,\
                label=ch, alpha=.7)
        ax.set_xlim(0, 255)
        plt.setp(ax.get_xticklabels(), visible=True)
        plt.setp(ax.get_yticklabels(), visible=False)
        plt.setp(ax.get_xticklines(), visible=True)
        plt.setp(ax.get_yticklines(), visible=False)
        plt.legend()
        plt.grid(True, axis='y')
        return ax

    def show(self):
        loc = (0, 0)
        axim = plt.subplot2grid(self.shape, loc, rowspan=3)
        axim.imshow(self.im)
        plt.setp(axim.get_xticklabels(), visible=False)
        plt.setp(axim.get_yticklabels(), visible=False)
        plt.setp(axim.get_xticklines(), visible=False)
        plt.setp(axim.get_yticklines(), visible=False)
        axr = self.show_channel('R')
        axg = self.show_channel('G')
        axb = self.show_channel('B')
        plt.show()

if __name__ == '__main__':
    im = 'images/yellow_flowers.jpg'
    try:
        iv = ImageViewer(im)
        iv.show()
    except Exception as ex:
        print ex
```

6.4.3 工作原理

从代码末尾开始读，我们看到有硬编码的文件名。通过加载命令行参数，使用 sys.argv 列表把给定的参数传入到 im 变量中，我们可以把这些硬编码的文件名替换掉。

我们实例化了一个带有给定图像文件路径的 ImageViewer 类对象。在对象实例化期间，我们试着把图像加载到一个数组。然后通过 rcParams 字典配置图表，设置图表大小和标题，并指定对象的方法内部所使用的对象字段（self.shape）。

这里主要使用的方法是 show()，它创建了一个图表的布局，并且把图像数组加载到主子区（左列）中。因为这是一幅真实的图像，没必要使用刻度，所以隐藏掉了所有的刻度和刻度标签。

然后为每一个红色、绿色和蓝色通道调用 show_channel()私有方法。这个方法在右边的列上为每一行创建了新的子区坐标轴。我们在单独的子区中为每个通道绘制了直方图。

此外，我们创建了一个小图形，去掉了不必要的 *x* 轴刻度，并添加了一个图例，以防我们想要在一个非彩色环境下绘制这个图表。因此，我们可以在这些环境中通过图例分辨出不同的通道。

执行完代码后，将得到图 6-2 所示的屏幕截图。

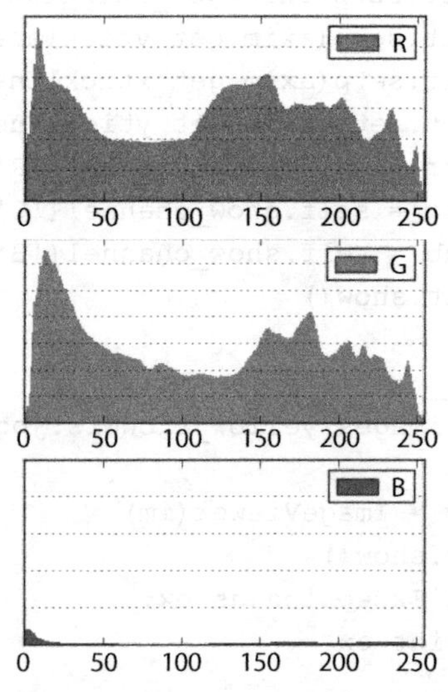

图 6-2

6.4.4 补充说明

对于这个图像查看器的例子，使用直方图图表类型仅是选择之一，我们可以使用 matplotlib 支持的任一种图表类型。另一个现实的例子是绘制 EEG[①]或者类似的医疗记录。在这种情况下，我们可能想要把切片显示成图像，把所记录的 EEG 的时间序列显示成线形图，并添加关于所显示数据的附加元数据信息，这部分很有可能就是 `matplotlib.text.Text artists` 的工作了。

借助于 matplotlib 与用户 GUI 事件交互的能力，matplotlib 图表也允许我们仅通过手动缩放一个图形就实现所有图形的缩放。用法之一是在显示一幅图像并将其放大的同时，在当前活跃的图表中也放大其他的图形。实现方法是使用 `motion_notify_event` 调用一个函数更新当前图表中的所有坐标轴（子区）的 x 轴和 y 轴范围。

6.5 使用 Basemap 在地图上绘制数据

最好的地理空间可视化很可能是把数据叠加在地图上来完成的。无论是使用整个地球、还是一个大洲或一个州，甚至是天空，将数据叠加到地图上都是让观察者理解图表中显示的数据与地理关系的最简单的方式。

本节将学习如何使用 matplotlib 的 `Basemap` 工具包把数据添加到地图上。

6.5.1 准备工作

我们已经熟悉了如何将 matplotlib 用作绘图引擎，下面继续学习 matplotlib 其他工具包的功能，例如 `Basemap` 地图工具包。

`Basemap` 本身不进行任何绘图的工作，它只是把给定的地理坐标转换到地图投影上，并把数据传给 matplotlib 进行绘图。

首先，我们需要安装 `Basemap` 工具包。如果你正在使用 EPD，那么 `Basemap` 已经安装好了。如果你是在 Linux 平台上，最好使用原生的软件包管理器来安装包含 `Basemap` 的软件包。例如，在 Ubuntu 上软件包为 `python-mpltoolkits.basemap`，它能通过标准的包管理器进行安装。

```
$ sudo apt-get install python-mpltoolkits.basemap
```

① EEG: electroencephalo-graph，脑电图。

在 Mac OS X 上，虽然使用流行的包管理器如 Homebrew、Fink 和 pip 也可以安装，但最推荐的方式还是使用 EPD。

6.5.2 操作步骤

这里有一个例子，是关于如何使用 Basemap 工具包在指定了经度和纬度坐标对的特定区域下绘制简单的墨卡托投影（Mercator projection）：

（1）实例化 Basemap 对象，指定所使用的投影（merc 指墨卡托）；

（2）在同一个 Basemap 构造函数中，分别为地图的左下角和右上角指定经度和纬度；

（3）创建 Basemap 地图实例来绘制海岸线和国家；

（4）创建 Basemap 地图实例来填充陆地并绘制地图边界；

（5）指示 Basemap 地图实例绘制子午线和平行线。

下面的代码展示了如何使用 Basemap 工具包来绘制一个简单的墨卡托投影。

```
from mpl_toolkits.basemap import Basemap
import matplotlib.pyplot as plt
import numpy as np

map = Basemap(projection='merc',
              resolution = 'h',
              area_thresh = 0.1,
    llcrnrlon=-126.619875, llcrnrlat=31.354158,
    urcrnrlon=-59.647219, urcrnrlat=47.517613)

map.drawcoastlines()
map.drawcountries()
map.fillcontinents(color='coral', lake_color='aqua')
map.drawmapboundary(fill_color='aqua')

map.drawmeridians(np.arange(0, 360, 30))
map.drawparallels(np.arange(-90, 90, 30))

plt.show()
```

这将生成地球的一个可识别区域，如图 6-3 所示。

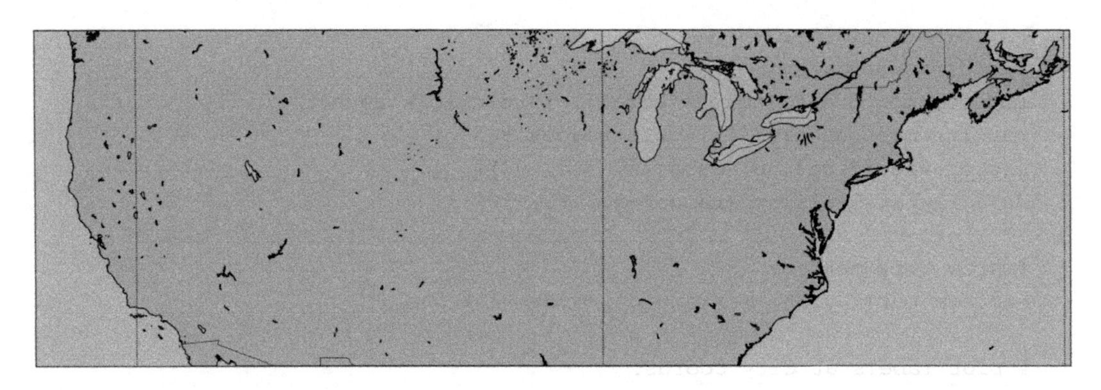

图 6-3

现在，我们已经了解了如何绘制一幅地图，接着我们需要知道如何在地图上绘制数据。如果我们还记得 Basemap 是一个大的转码器，把经度和纬度转化到当前地图投影中，那么就应该明白我们需要的是一个包含了经度和纬度的数据集合，并把它传递给 Basemap 用来投影，然后用 **matplotlib** 在地图上把数据绘制出来。我们从 cities.shp 和 cities.shx 文件加载美国城市的坐标并把它们投射到地图上。文件在代码库的 Chapter06 文件夹下，下面是完成这项工作的代码。

```
from mpl_toolkits.basemap import Basemap
import matplotlib.pyplot as plt
import numpy as np

map = Basemap(projection='merc',
              resolution = 'h',
              area_thresh = 100,
    llcrnrlon=-126.619875, llcrnrlat=25,
    urcrnrlon=-59.647219, urcrnrlat=55)

shapeinfo = map.readshapefile('cities','cities')

x, y = zip(*map.cities)

# build a list of US cities
city_names = []
for each in map.cities_info:
    if each['COUNTRY'] != 'US':
        city_names.append("")
    else:
        city_names.append(each['NAME'])
```

```
map.drawcoastlines()
map.drawcountries()
map.fillcontinents(color='coral', lake_color='aqua')
map.drawmapboundary(fill_color='aqua')
map.drawmeridians(np.arange(0, 360, 30))
map.drawparallels(np.arange(-90, 90, 30))

# draw city markers
map.scatter(x,y,25, marker='o',zorder=10)

# plot labels at City coords.
for city_label, city_x, city_y in zip(city_names, x, y):
    plt.text(city_x, city_y, city_label)

plt.title('Cities in USA')

plt.show()
```

6.5.3 工作原理

Basemap 用法的基本原理是：导入主要的模块并实例化一个带有期望属性的 Basemap 类。在实例化阶段必须指定所使用的投影和想处理的地球区域。

在绘制地图和用 matplotlib.pyplot.show()显示绘图窗口之前可以应用额外的配置。

Basemap 支持多种（精确地说是 32 个）不同的投影。其中大多数应用范围非常窄，但是还有一些是比较通用的，它们被应用在大多数常见的地图可视化中。

通过查询 Basemap 模块，我们可以很容易地知道可以使用哪些投影。

```
import mpl_toolkits.basemap
print mpl_toolkits.basemap.supported_projections
```

所有投影如表 6-1 所示。

表 6-1

mbtfpq	McBryde-Thomas Flat-Polar Quartic
aeqd	Azimuthal Equidistant
sinu	Sinusoidal
poly	Polyconic

续表

omerc	Oblique Mercator
gnom	Gnomonic
moll	Mollweide
lcc	Lambert Conformal
tmerc	Transverse Mercator
nplaea	North-Polar Lambert Azimuthal
gall	Gall Stereographic Cylindrical
npaeqd	North-Polar Azimuthal Equidistant
mill	Miller Cylindrical
merc	Mercator
stere	Stereographic
eqdc	Equidistant Conic
cyl	Cylindrical Equidistant
npstere	North-Polar Stereographic
spstere	South-Polar Stereographic
hammer	Hammer
geos	Geostationary
nsper	Near-Sided Perspective
eck4	Eckert IV
aea	Albers Equal Area
kav7	Kavrayskiy VII
spaeqd	South-Polar Azimuthal Equidistant
ortho	Orthographic
cass	Cassini-Soldner
vandg	van der Grinten

续表

laea	Lambert Azimuthal Equal Area
splaea	South-Polar Lambert Azimuthal
robin	Robinson

通常，我们会绘制整个投影。如果没有特别指定，默认会使用一些合理的值。

在放大地图上的特定区域时，我们会指定要显示的区域的左下角和右上角的经度和纬度。对于这个例子，我们使用墨卡托投影。

在这里我们可以看到缩写的参数名字的描述。

- llcrnrlon：左下角的经度。
- llcrnrlat：左下角的纬度。
- urcrnrlon：右上角的经度。
- urcrnrlat：右上角的纬度。

6.5.4 补充说明

现在我们仅仅了解了 Basemap 工具包功能的皮毛，在官方文档中可以找到更多的例子来了解 Basemap 工具包。

官方 Basemap 文档的例子使用的大多数数据都位于远程的服务器上，并且有特定的格式。为了高效地获取这些数据，可以使用 NetCDF 数据格式。NetCDF 是一种常见的数据格式，其设计之初考虑了网络的效率。即使整个数据集合非常大，它也允许程序获取其所需的数据。使用这种格式是非常实用的，不需要在每次需要数据和数据变化时，下载海量的数据集合并把其存储在本地。

6.6 生成 CAPTCHA 图像

虽然这不是通常所指的严格意义上的数据可视化，但是用 Python 生成图像的能力在很多情况下都非常有用，这就是其中之一。

本节将介绍如何生成用来区分人类和计算机的随机图像——CAPTCHA[①]图像。

① CAPTCHA 俗称验证码，在本书中采用缩写，不做翻译。

6.6.1 准备工作

CAPTCHA 是指全自动区分计算机和人类的图灵测试（**Completely Automated Public Turing test to tell Computers and Humans Apart**），由卡耐基梅隆大学注册商标。这个测试被用来挑战自动填充各种 Web 表单的计算机程序（通常指机器人），这些表单主要是针对人类的，不应该被自动化。常见的例子有注册表单、登录表单、调查表等。

CAPTCHA 本身可以有很多形式，但是最常见的形式是人类应该能够读取一幅带有扭曲字符和数字的图像，并在相应的字段中填入结果。

本节将学习如何利用 Python 的图像库来生成图像、渲染点和线，以及渲染文本。

6.6.2 操作步骤

通过执行下面的步骤，我们将演示在创建一个简单的个人 CAPTCHA 生成器时所涉及的内容。

（1）设置图像大小、文本、字体大小、背景颜色和 CAPTCHA 长度。

（2）从英文字母表中选取随机的字符。

（3）用指定的字体和颜色在图像中把这些字符绘制出来。

（4）添加一些直线和弧线形式的噪声。

（5）把 CAPTCHA 和图像对象返回给调用者。

（6）把生成的图像显示给用户。

下面的代码演示了如何生成简单的个人 CAPTCHA 生成器。

```
from PIL import Image, ImageDraw, ImageFont
import random
import string


class SimpleCaptchaException(Exception):
    pass


class SimpleCaptcha(object):
    def __init__(self, length=5, size=(200, 100), fontsize=36,
                 random_text=None, random_bgcolor=None):
        self.size = size
```

```
        self.text = "CAPTCHA"
        self.fontsize = fontsize
        self.bgcolor = 255
        self.length = length

        self.image = None  # current captcha image

        if random_text:
            self.text = self._random_text()

        if not self.text:
            raise SimpleCaptchaException("Field text must not be empty.")

        if not self.size:
            raise SimpleCaptchaException("Size must not be empty.")

        if not self.fontsize:
            raise SimpleCaptchaException("Font size must be defined.")

        if random_bgcolor:
            self.bgcolor = self._random_color()

    def _center_coords(self, draw, font):
        width, height = draw.textsize(self.text, font)
        xy = (self.size[0] - width) / 2., (self.size[1] - height) / 2.
        return xy

    def _add_noise_dots(self, draw):
        size = self.image.size
        for _ in range(int(size[0] * size[1] * 0.1)):
            draw.point((random.randint(0, size[0]),
                        random.randint(0, size[1])),
                        fill="white")
        return draw

    def _add_noise_lines(self, draw):
        size = self.image.size
        for _ in range(8):
            width = random.randint(1, 2)
            start = (0, random.randint(0, size[1] - 1))
            end = (size[0], random.randint(0, size[1] - 1))
            draw.line([start, end], fill="white", width=width)
        for _ in range(8):
```

```
            start = (-50, -50)
            end = (size[0] + 10, random.randint(0, size[1] + 10))
            draw.arc(start + end, 0, 360, fill="white")
        return draw

    def get_captcha(self, size=None, text=None, bgcolor=None):
        if text is not None:
            self.text = text
        if size is not None:
            self.size = size
        if bgcolor is not None:
            self.bgcolor = bgcolor

        self.image = Image.new('RGB', self.size, self.bgcolor)
        # Note that the font file must be present
        # or point to your OS's system font
        # Ex. on Mac the path should be '/Library/Fonts/Tahoma.ttf'
        font = ImageFont.truetype('fonts/Vera.ttf', self.fontsize)
        draw = ImageDraw.Draw(self.image)
        xy = self._center_coords(draw, font)
        draw.text(xy=xy, text=self.text, font=font)

        # Add some dot noise
        draw = self._add_noise_dots(draw)

        # Add some random lines
        draw = self._add_noise_lines(draw)

        self.image.show()
        return self.image, self.text


    def _random_text(self):
        letters = string.ascii_lowercase + string.ascii_uppercase
        random_text = ""
        for _ in range(self.length):
            random_text += random.choice(letters)
        return random_text

    def _random_color(self):
        r = random.randint(0, 255)
        g = random.randint(0, 255)
        b = random.randint(0, 255)
```

```
        return (r, g, b)
if __name__ == "__main__":
    sc = SimpleCaptcha(length=7, fontsize=36, random_text=True,
random_bgcolor=True)
    sc.get_captcha()
```

这段代码生成类似图 6-4 的图像。

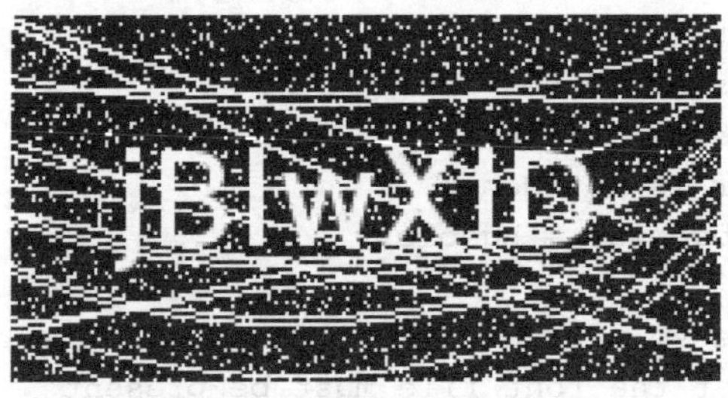

图 6-4

6.6.3　工作原理

这个例子描述了如何使用 Python 图像库生成预定义图像，以及创建一个简单但有效的 CAPTCHA 生成器的过程。

我们把功能封装到类 `SimpleCaptcha` 中，这样就为进一步开发提供了一个安全的空间。同时，创建一个自定义的 `SimpleCaptchaException` 类来容纳将来的异常类型。

如果你不是在写小段的粗制滥造的脚本，而是开始为你的代码域编写和设计自定义异常类型，最好不要使用原生的 Python 标准异常。你将会在代码可读性和软件可维护性上获益不少。

从代码尾部的 main 函数代码段开始看，我们把要生成图像的设置作为参数传给构造函数，然后实例化类对象。接着，在 `sc` 对象上调用 `get_captcha` 方法。作为本节演示的目的，`get_captcha` 显示图像对象作为结果，但是我们也可以把图像对象返回给这个方法可能的调用者以供其使用。用法有很多种，调用者可以把图像存储到文件中；或者如果是一个 Web 应用，我们可以返回图像流，并把结果写到请求该 CAPTCHA 的客户端。

要注意的一件重要的事情是，为了完成 CAPTCHA 测试的挑战——应答过程，必须返回在图像上生成的 CAPTCHA 字符串的文本，这样调用者才可以将用户的应答和期望的值进行比较。

如果用户提供了自定义值，为了覆盖类的默认值，`get_captcha` 方法首先验证输入的参数。之后，通过 Image.new 实例化一个新的图像对象。该对象被存储到 self.image 中，我们用它来绘制和写入文本。在把文本写入图像之后，我们添加了随机放置的点和线，以及一些弧线段的噪声。

这些工作通过_add_noise_points 和_add_noise_lines 完成。第一个函数循环地把一个点添加到图像上的一个不太靠近图像边缘的随机位置，第二个函数从图像的左手边向图像的右手边绘制了几条线段。

6.6.4 补充说明

我们基于一些关于其用法的假设创建了这个类。假设用户只是想接受默认设置（也就是随机背景颜色上的 7 个随机字符），然后从其得到结果。这是我们在构造函数上放置辅助函数来设置随机文本和随机背景颜色的原因。如果最常见且有效的用法总是覆盖默认设置，那样我们就会试着把这些操作从构造函数中去掉，并将其放到一个单独的函数调用中。

例如，也许用户总想使用英文单词作为 CAPTCHA 挑战。如果是这种情况，我们会希望只是简单地调用一个方法就可以提供那样的结果。我们可以创建一个 get_english_captcha 方法，其中包含了构造函数中的随机逻辑，然后从给定的英文字典中挑选随机单词。在 UNIX 系统中，/usr/share/dict/words 中有一个常用的英文字典，我们可以用它来完成这件事。代码如下。

```
def get_english_captcha(self):
    words = '/usr/share/dict/words'
    with open(words, 'r') as wf:
        words = wf.readlines()
        aword = random.choice(words)
        aword = aword.strip()  # remove newline and spaces
    return self.get_captcha(text=aword)
```

总的来说，生成 CAPTCHA 的例子没达到产品级质量，因此必须在使用前添加更多的保护和随机性，如字符旋转。

如果需要保护你的 Web 表单免于机器人的攻击，应当重用一些已有的第三方 Python 模块和库。如今甚至已经有专门为现有的 Web 框架所创建的模块。

甚至有一些 Web 服务，如带有 recaptcha-client 模块的 reCAPTCHA，注册之后就可以使用了。它不需要任何图像库，因为图像直接从 reCAPTCHA Web 服务获取，但是它有其他的一些依赖如 pycrypto。通过使用这个 Web 服务和库，你同时也在为使用通用字符识别（OCR）技术从 Google 图书项目或者旧版纽约时报进行扫描的图书扫描工作做贡献。从 reCAPTCHA 网站你可以获得更多内容。

第 7 章 使用正确的图表理解数据

本章包含以下内容。

- 理解对数图。
- 理解频谱图。
- 创建火柴杆图。
- 绘制矢量场流线图。
- 使用颜色表。
- 使用散点图和直方图。
- 绘制两个变量间的互相关图形。
- 自相关的重要性。

7.1 简介

在本章中，我们将更多注意力放在展现的数据所表达的含义上，以及如何通过图表把它有效地表达出来。我们将展示一些新的技术和图表，当知道想要传达给用户什么信息后，我们对这些图表的理解会更深刻。有这样的一个问题：“为什么要以这种方式展示数据？”这在数据探索阶段是最重要的一个问题。如果没能很好地理解数据就把它以某种形式展示出来，那么毫无疑问，读者也将难以正确地理解这些数据。

7.2　理解对数图

很多情况下，在读日报及类似的文章时，人们常常发现媒体机构用图表歪曲了事实。一个常见的例子是用线性标度来创建所谓的恐慌图。图表中有一个在很长一段时间（若干年）内持续增长的值，其起始值要比最新的值小好几个量级。然而在正确的可视化时，这些值可以（并且通常应该）用线形图或者近似线性的图表表示，把它们要强调的一些恐慌因素忽略。

7.2.1　准备工作

使用对数标度时，连续值的比例是常量。这在读对数图表时是非常重要的。使用线性（算术）标度时，连续值之间的距离是常量。换句话说，对数图表按数量级顺序有一个常量的距离。这在接下来的图表中可以看到，生成图表的代码在后面也会解释。

根据一般经验，遇到以下情况应该使用对数标度。

- 当要展示的数据的值跨越好几个量级时。
- 当要展示的数据有朝向大值（一些数据点比其他数据大很多）的倾斜度时。
- 当要展示变化率（增长率），而不是值的变化时。

不要盲目地遵循这些规则，它们更像是指导，而不是规则，要始终依靠你自己对于手头的数据和项目，或者客户对你提出的需求作判断。

根据数据范围的不同，我们应该使用不同的对数底。对数的标准底是 10，但是如果数据范围比较小，以 2 为底数会好一些，因为其会在一个较小的数据范围下有更多的分辨率。

如果有适合在对数标度上显示的数据范围，我们会注意到，以前非常靠近而难以判断差异的值现在很好地区分开了。这让我们很容易读懂原来在线性标度下难以理解的数据。

对于长时间范围的数据的增长率图表，我们想看的不是在时间点所测量的绝对值，而是其在时间上的增长。虽然我们仍可以得到绝对值信息，但是这些信息的优先级较低。

再者，如果数据分布存在一个正偏态，例如工资，取值（工资）的对数能让数据更合乎模型，因为对数变换能提供一个更加正常的数据分布。

7.2.2　操作步骤

我们将用一段代码来证明上面所述的内容。这段代码用不同的标度（线性和对数）在两个不同的图表中显示了两个相同的数据集合（一个线性的，一个对数的）。

我们将借助后面的代码实现下面的步骤。

（1）生成两个简单的数据集合：指数/对数 y 和线性 z。

（2）创建一个包含 4 个子区的图形。

（3）创建两个包含数据集合 y 的子区：一个为对数标度，一个为线性标度。

（4）创建两个包含数据集合 z 的子区：一个为对数标度，一个为线性标度。

代码如下：

```
from matplotlib import pyplot as plt
import numpy as np

x = np.linspace(1, 10)
y = [10 ** el for el in x]
z = [2 * el for el in x]

fig = plt.figure(figsize=(10, 8))

ax1 = fig.add_subplot(2, 2, 1)
ax1.plot(x, y, color='blue')
ax1.set_yscale('log')
ax1.set_title(r'Logarithmic plot of $ {10}^{x} $ ')
ax1.set_ylabel(r'$ {y} = {10}^{x} $')
plt.grid(b=True, which='both', axis='both')


ax2 = fig.add_subplot(2, 2, 2)
ax2.plot(x, y, color='red')
ax2.set_yscale('linear')
ax2.set_title(r'Linear plot of $ {10}^{x} $ ')
ax2.set_ylabel(r'$ {y} = {10}^{x} $')
plt.grid(b=True, which='both', axis='both')


ax3 = fig.add_subplot(2, 2, 3)
ax3.plot(x, z, color='green')
ax3.set_yscale('log')
ax3.set_title(r'Logarithmic plot of $ {2}*{x} $ ')
ax3.set_ylabel(r'$ {y} = {2}*{x} $')
plt.grid(b=True, which='both', axis='both')
```

```
ax4 = fig.add_subplot(2, 2, 4)
ax4.plot(x, z, color='magenta')
ax4.set_yscale('linear')
ax4.set_title(r'Linear plot of $ {2}*{x} $ ')
ax4.set_ylabel(r'$ {y} = {2}*{x} $')
plt.grid(b=True, which='both', axis='both')

plt.show()
```

代码将生成图 7-1 所示的图表。

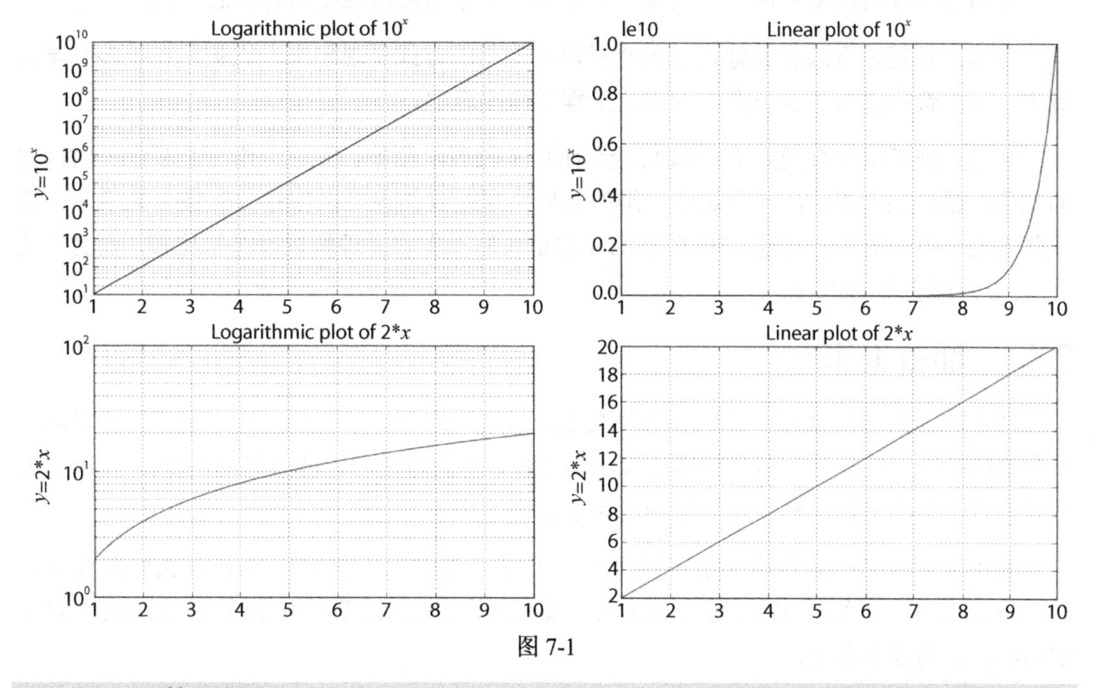

图 7-1

7.2.3 工作原理

我们生成一些样本数据和两个相关的变量：*y* 和 *z*。变量 *y* 被表示为数据 *x* 的指数函数，变量 *z* 是 *x* 的简单线性函数。这展示了线性图表和指数图表的区别。

然后创建 4 个子区，上面一行子区是关于数据（*x*，*y*）的，下面一行子区是关于数据（*x*，*z*）的。

从左手边看，*y* 轴列为对数标度；从右手边看，*y* 轴列为线性标度。通过 set_yscale('log') 分别对每一个坐标轴进行设置。

我们为每一个子区设置标题和标签，标签描述了所绘制的函数。

通过 `plt.grid(b=True, which='both', axis='both')`，我们为每个图的两个坐标轴和主次刻度打开网格显示。

我们观察到，在线性图表中线性函数是直线，在对数图表中对数函数也是直线。

7.3 理解频谱图

频谱图是随时间变化的频谱表现，它显示了信号的频谱强度随时间的变化。

频谱图是把声音或者其他信号的频谱以可视化的方式呈现出来。它被用在很多科学领域中，从声音指纹如声音识别，到雷达工程学和地震学。

通常，频谱图的布局如下：*x* 轴表示时间，*y* 轴表示频率，第三个维度是频率—时间对的幅值，通过颜色表示。因为这是三维的数据，因此我们也可以创建 3D 图表来表示，其中强度表示为 *z* 轴上的高度。3D 图表的问题是人们不太容易理解以及进行比较，而且它比 2D 图表占用更多的空间。

7.3.1 准备工作

对于严谨的信号处理，我们将会研究更低级别的细节，进而能从中发现模式并自动识别一定的特征。但是对于本节数据可视化的内容，我们将借助一些著名的 Python 库来读取音频文件，对它进行采样，然后绘制出频谱图。

为了能读取 WAV 文件并把声音可视化出来，需要做一些准备工作。我们需要安装 `libsndfile1` 系统库来读/写音频文件。这可以通过你喜欢的包管理工具完成。对于 Ubuntu，使用以下命令：

```
$ sudo apt-get install libsndfilel-dev.
```

安装 `dev` 包非常重要，它包含了头文件，从而通过 `pip` 可以创建 `scikits.audiolab` 模块。

我们也可以安装 `libasound` 和 ALSA（Advanced Linux Sound Architecture，高级 Linux 声音体系）头来避免编译时警告。这是可选的，因为我们不打算使用 ALSA 库提供的特性。对于 Ubuntu Linux，执行以下命令：

```
$ sudo apt-get install libasound2-dev
```

我们用 `pip` 安装用来读取 WAV 文件的 `scikits.audiolab`：

```
$ pip install scikits.audiolab
```

永远记住要进入当前工程的虚拟环境，因为这样才不会弄脏你的系统库。

7.3.2　操作步骤

本节将使用预录制的声音文件 test.wav，该文件可以在本书的文件代码库中找到，但你也可以自己生成一个样本文件。

在这个例子中，我们顺序地执行下面的步骤。

（1）读取包含一个已经录制的声音样本的 WAV 文件。

（2）通过 NFFT 设置用于傅里叶变换的窗口长度。

（3）在采样时，使用 noverlap 设置重叠的数据点。

```
import os
from math import floor, log

from scikits.audiolab import Sndfile
import numpy as np
from matplotlib import pyplot as plt

# Load the sound file in Sndfile instance
soundfile = Sndfile("test.wav")


# define start/stop seconds and compute start/stop frames
start_sec = 0
stop_sec  = 5
start_frame = start_sec * soundfile.samplerate
stop_frame  = stop_sec * soundfile.samplerate

# go to the start frame of the sound object
soundfile.seek(start_frame)

# read number of frames from start to stop
delta_frames = stop_frame - start_frame
sample = soundfile.read_frames(delta_frames)

map = 'CMRmap'
```

```
fig = plt.figure(figsize=(10, 6), )
ax = fig.add_subplot(111)
# define number of data points for FT
NFFT = 128
# define number of data points to overlap for each block
noverlap = 65

pxx,  freq, t, cax = ax.specgram(sample, Fs=soundfile.samplerate,
                                  NFFT=NFFT, noverlap=noverlap,
                                  cmap=plt.get_cmap(map))
plt.colorbar(cax)
plt.xlabel("Times [sec]")
plt.ylabel("Frequency [Hz]")

plt.show()
```

代码生成的频谱图如图 7-2 所示。

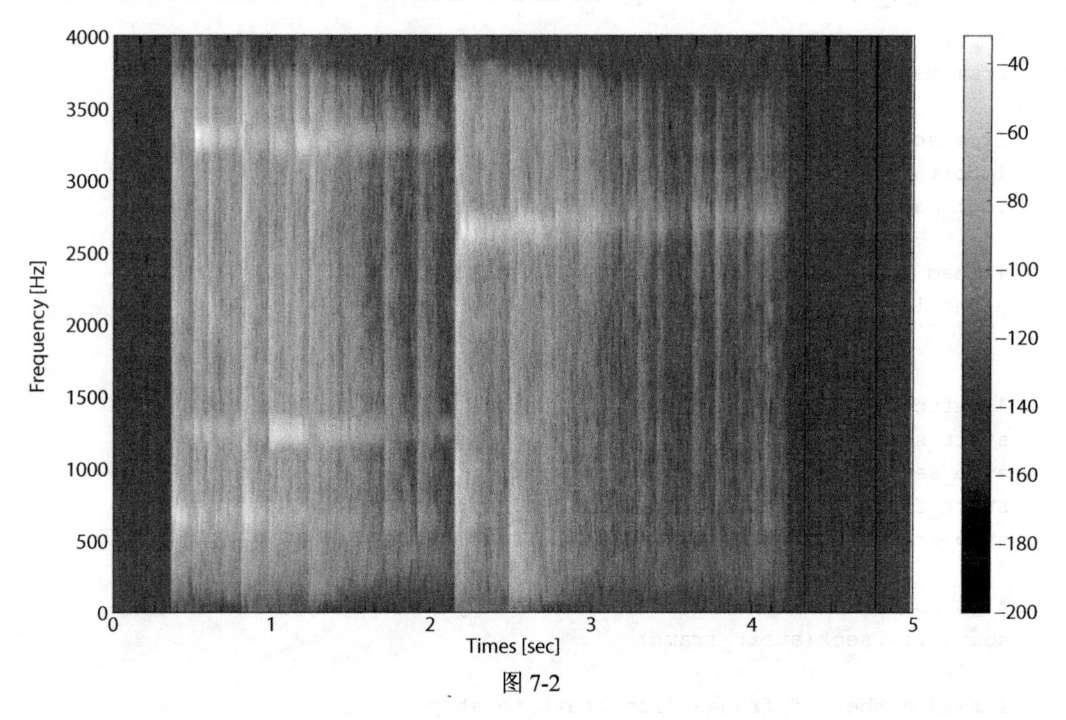

图 7-2

NFFT 定义了每一个块中用于计算离散傅里叶变换的数据点的数量。当 NFFT 的值为 2 的幂次方时计算效率最高。窗口可以重叠，重叠（也就是重复）的数据点数量通过参数 noverlap 指定。

7.3.3 工作原理

首先需要加载一个声音文件，这通过调用 `scikits.audiolab.SndFile` 方法并传入一个文件名来完成。该方法将实例化一个声音对象，通过该对象我们可以查询数据并调用其中的方法。

为了读取频谱图所需要的数据，需要从声音对象中读取数据帧。这通过 `read_frames()` 完成，该方法接收开始帧和结束帧的参数。把采样率和想要可视化的时间点（start，end）相乘便可以计算出帧数量。

7.3.4 补充说明

如果找不到音频文件（wave），可以生成一个。生成方法很简单，具体如下。

```
import numpy


def _get_mask(t, t1, t2, lvl_pos, lvl_neg):
    if t1 >= t2:
        raise ValueError("t1 must be less than t2")

    return numpy.where(numpy.logical_and(t > t1, t < t2), lvl_pos,
lvl_neg)


def generate_signal(t):
    sin1 = numpy.sin(2 * numpy.pi * 100 * t)
    sin2 = 2 * numpy.sin(2 * numpy.pi * 200 * t)

    # add interval of high pitched signal
    sin2 = sin2 * _get_mask(t,2,5,1.0,0.0)

    noise = 0.02 * numpy.random.randn(len(t))
    final_signal = sin1 + sin2 + noise
    return final_signal


if __name__ == '__main__':
    step = 0.001
    sampling_freq=1000
    t = numpy.arange(0.0, 20.0, step)
    y = generate_signal(t)
```

```
# we can visualize this now
# in time
ax1 = plt.subplot(211)
plt.plot(t, y)
# and in frequency
plt.subplot(212)
plt.specgram(y, NFFT=1024, noverlap=900,
    Fs=sampling_freq, cmap=plt.cm.gist_heat)

plt.show()
```

这将生成图 7-3 所示的信号，其中顶部的图形是生成的信号。这里，x 轴表示时间，y 轴表示信号的幅值。底部的图形是相同的信号在频率域中的呈现。这里，x 轴如顶部图一样表示时间（通过选择采样率来匹配时间），y 轴表示信号的频率。

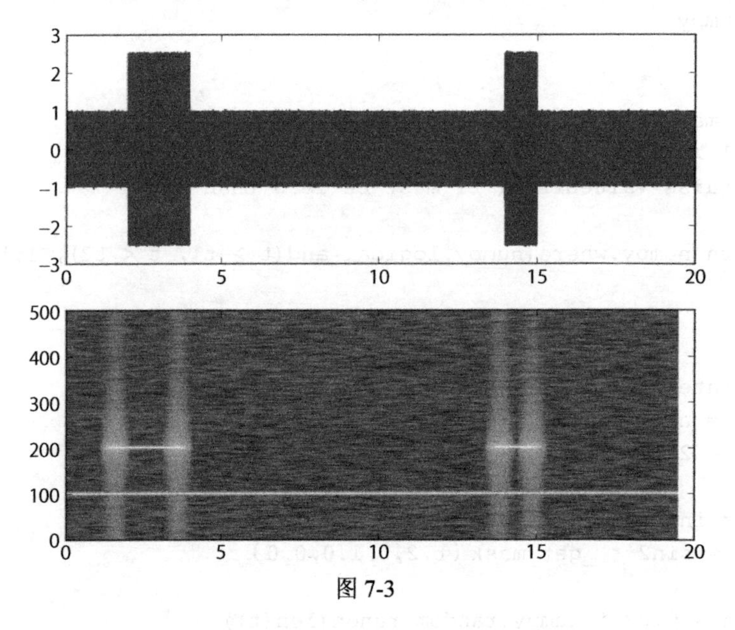

图 7-3

7.4 创建火柴杆图

一个二维的火柴杆图（stem plot）把数据显示为沿 x 轴的基线延伸的线条。圆圈（默认值）或者其他标记表示每个杆的结束，其 y 轴表示了数据值。

本节将讨论如何创建火柴杆图。

不要把火柴杆图和茎叶图（stem and leaf plot）混淆，茎叶图是把最不重要的数值表示为叶，把较高位的值表示为茎的一种数据表现方法，如图 7-4 所示。

```
steam   |  leaf
===========================
     0  |  6 7 8
     1  |  0 2 3 4 7 7 7 8 9
     2  |  1 3 4 4 5 7
     3  |  3 1 1 2 6 6 9
     4  |  1 5 5 6 9
     5  |  0
```

图 7-4

7.4.1 准备工作

我们将使用一个离散值序列来绘制火柴杆图，这种离散的数据用普通的线性图表是无法展示的。

绘制离散序列的火柴杆图，数据值表示为每个杆末端的标记。从基线（通常在 $y=0$ 处）延伸到数据值点的线称为杆。

7.4.2 操作步骤

我们将使用 matplotlib 的 `stem()` 函数绘制火柴杆图。这个函数可以只使用一系列的 y 值，x 值为生成的一个从 0 到 len(y)−1 的简单序列。如果把 x 和 y 序列都提供给 `stem()` 函数，该函数会把它们用于两个坐标轴。

我们要为火柴杆图配置下面的一些格式器。

- `linefmt`：杆线的线条格式器。
- `markerfmt`：火柴杆线条末端的标记用该参数格式化。
- `basefmt`：规定基线的外观。
- `label`：设置火柴杆图图例的标签。
- `hold`：把所有当前图形放在当前坐标轴上。
- `bottom`：在 y 轴方向设置基线位置，默认值为 0。

参数 `hold` 是图表的一个常见的特性。如果它是打开状态（`True`），接下来的所有图表都会被添加到当前坐标轴上。否则，每一个图形会创建新的图表和坐标轴。

执行下面的步骤来创建一个火柴杆图。

（1）生成随机噪声数据。

（2）设置火柴杆参数。

（3）绘制火柴杆。

下面是相应的代码。

```
import matplotlib.pyplot as plt
import numpy as np


# time domain in which we sample
x = np.linspace(0, 20, 50)

# random function to simulate sampled signal
y = np.sin(x + 1) + np.cos(x ** 2)


# here we can setup baseline position
bottom = -0.1

# True  -- hold current axes for further plotting
# False -- opposite. clear and use new figure/plot
hold = False

# set label for legend.
label = "delta"

markerline, stemlines, baseline = plt.stem(x, y, bottom=bottom,
                                           label=label, hold=hold)

# we use setp() here to setup
# multiple properties of lines generated by stem()
plt.setp(markerline, color='red', marker='o')
plt.setp(stemlines, color='blue', linestyle=':')
plt.setp(baseline, color='grey', linewidth=2, linestyle='-')

# draw a legend
plt.legend()

plt.show()
```

以上代码生成的图形如图 7-5 所示。

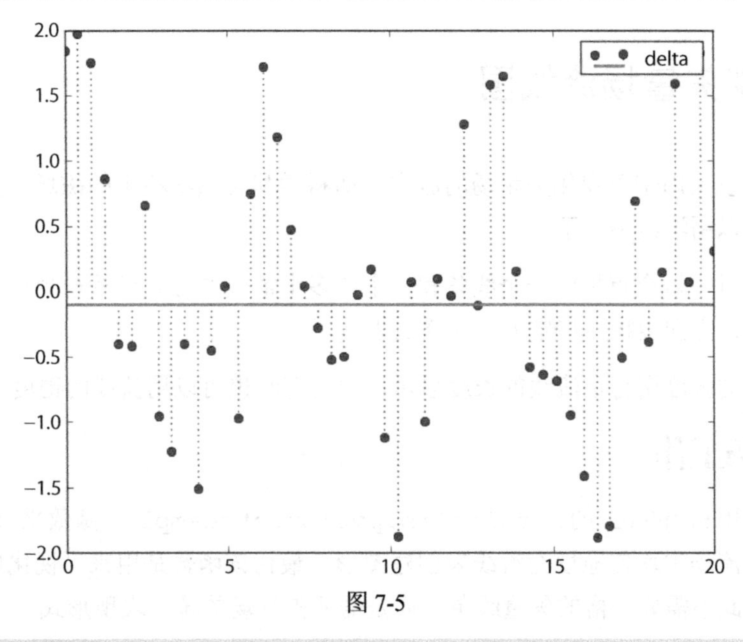

图 7-5

7.4.3 工作原理

首先我们需要准备一些数据。对于本节来说，生成的伪采样信号已经够用了。在真实世界里，任何离散序列数据都适合用火柴杆图来呈现。我们用 Numpy 的 numpy.linspace、numpy.cos 和 numpy.sin 函数生成该信号。

然后，设置火柴杆图的标签和基线的位置，基线位置的默认值为 0.0。

如果想要绘制多个火柴杆图，可以将 hold 的值设置为 True，这样所有火柴杆图将会被渲染在相同的坐标轴中。

调用 matplotlib.stem 会返回 3 个对象。第一个是 markerline，它是一个 Line2D 的实例，保存了表示火柴杆本身的线条的引用。它仅仅渲染了标记，不包括连接标记的线条。可以通过编辑该 Line2D 实例的属性让线条可见，操作步骤会在后面讲解。最后一个对象 baseline 也是一个 Line2D 实例，保存了表示 stemlines 原点的水平线条的引用。返回的第二个对象是 stemlines，它表示茎线的 Line2D 实例的集合（目前是 Python 列表）。

通过 setp 函数把属性应用到这些对象或这些对象集合的所有的线条（Line2D 实例）上，我们用返回的对象来处理火柴杆图的可视化需求。

你可以尝试一些设置，来理解 setp 是如何改变图形风格的。

7.5 绘制矢量场流线图

流线图可以被用来可视化矢量场的流态。如科学和自然学科中的磁场、万有引力和流体运动等均可以用流线图表示。

矢量场通过为每个点指定一个线条和一个或多个箭头的方式进行可视化。强度可以用线条长度表示，方向由指向特定方向的箭头表示。

通常，力的强度用特定流线的长度显示，但是有时也可以用流线的密度来表示。

7.5.1 准备工作

我们可以用 matplotlib 的 `matplotlib.pyplot.streamplot` 函数来可视化矢量场。该函数通过在流场中均匀地填充流线来创建图形。最初该函数是用来可视化风模型或者液体流动的，因此不需要严格的矢量线条，而是需要矢量场的统一表现形式。

该函数最重要的参数是（`X`，`Y`），它是一维 Numpy 数组的等距网格。（`U`，`V`）参数匹配的是（`X`，`Y`）速率的二维 Numpy 数组。`U` 和 `V` 矩阵在维度上的行数必须等于 `Y` 的长度，列的数量必须匹配 `X` 的长度。

流线图的线条宽度可以单独控制，如果 `linewidth` 参数是一个二维数组，将匹配 `u` 和 `v` 速率的形状，或者可以是所有线条都可以接受的一个简单的整数。

对于所有流线，颜色不仅是一个值，而且可以是如 `linewidth` 参数一样的矩阵。

箭头（`FancyArrowPatch` 类）用来表示矢量方向，可以通过两个参数控制它们。`arrowsize` 改变箭头的大小，`arrowstyle` 改变箭头的格式（例如“`simple`”“`->`”）。

7.5.2 操作步骤

我们通过一个简单的例子来了解一下流线图。执行下面的步骤。

（1）创建矢量数据。

（2）打印中间值。

（3）绘制流线图。

（4）显示用来可视化矢量的流线的图形。

示例代码如下。

```
import matplotlib.pyplot as plt
import numpy as np

Y, X = np.mgrid[0:5:100j, 0:5:100j]

U = X
V = Y

from pprint import pprint
print "X"
pprint(X)

print "Y"
pprint(Y)

plt.streamplot(X, Y, U, V)



plt.show()
```

上述代码会输出以下文本信息。

```
X
array([[ 0.        ,  0.05050505,  0.1010101 , ...,  4.8989899 ,
         4.94949495,  5.        ],
       [ 0.        ,  0.05050505,  0.1010101 , ...,  4.8989899 ,
         4.94949495,  5.        ],
       [ 0.        ,  0.05050505,  0.1010101 , ...,  4.8989899 ,
         4.94949495,  5.        ],
       ...,
       [ 0.        ,  0.05050505,  0.1010101 , ...,  4.8989899 ,
         4.94949495,  5.        ],
       [ 0.        ,  0.05050505,  0.1010101 , ...,  4.8989899 ,
         4.94949495,  5.        ],
       [ 0.        ,  0.05050505,  0.1010101 , ...,  4.8989899 ,
         4.94949495,  5.        ]])
Y
array([[ 0.        ,  0.        ,  0.        , ...,  0.        ,
         0.        ,  0.        ],
       [ 0.05050505,  0.05050505,  0.05050505, ...,  0.05050505,
         0.05050505,  0.05050505],
       [ 0.1010101 ,  0.1010101 ,  0.1010101 , ...,  0.1010101 ,
```

```
        0.1010101 ,  0.1010101 ],
       ...,
       [ 4.8989899 ,  4.8989899 ,  4.8989899 , ...,  4.8989899 ,
         4.8989899 ,  4.8989899 ],
       [ 4.94949495,  4.94949495,  4.94949495, ...,  4.94949495,
         4.94949495,  4.94949495],
       [ 5.        ,  5.        ,  5.        , ...,  5.        ,
         5.        ,  5.        ]])
```

上面代码生成的流线图图表如图 7-6 所示。

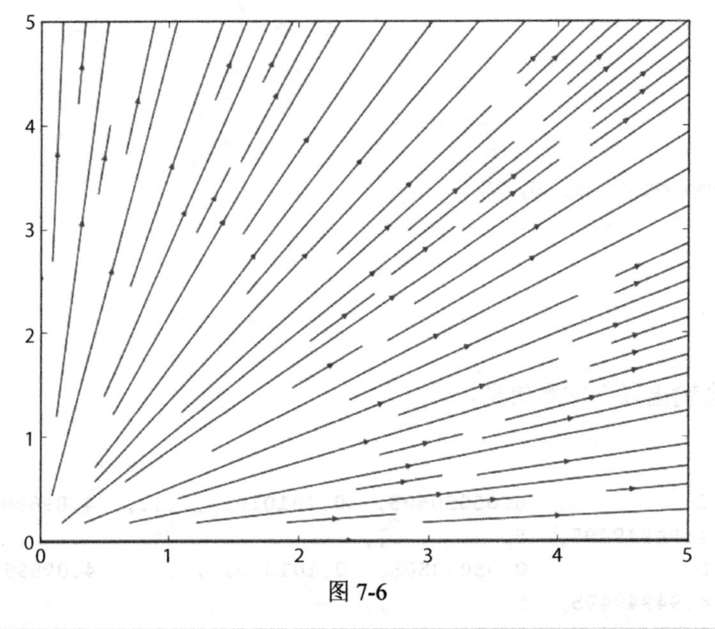

图 7-6

7.5.3 工作原理

使用 Numpy 的 mgrid 实例，通过检索二维的网状栅格，我们创建了 X 和 Y 的矢量场。指定网格的范围作为起点和终点（相应的为-2 和 2）。第三个索引表示步长。步长表示的是起点和终点之间包含的点的数量。如果想要包含终点值，可以使用一个复数作为步长，其中幅值表示起点和终点之间需要的点数量，包含终点。

然后，填充的网状栅格被用于计算矢量的速率。这里，为了演示，我们就简单地使用相同的 meshgrid 属性作为矢量速率。这将生成一个图形，该图形清晰地显示了矢量场的线性依赖和流。

改变一下 U 和 V 的值，体会一下 U 和 V 是如何影响流线图的。例如，让 U = np.sin(X) 或者 V = sin(Y)。然后，尝试改变起点和终点的值。图 7-7 是 U = np.sin(X) 的图形。

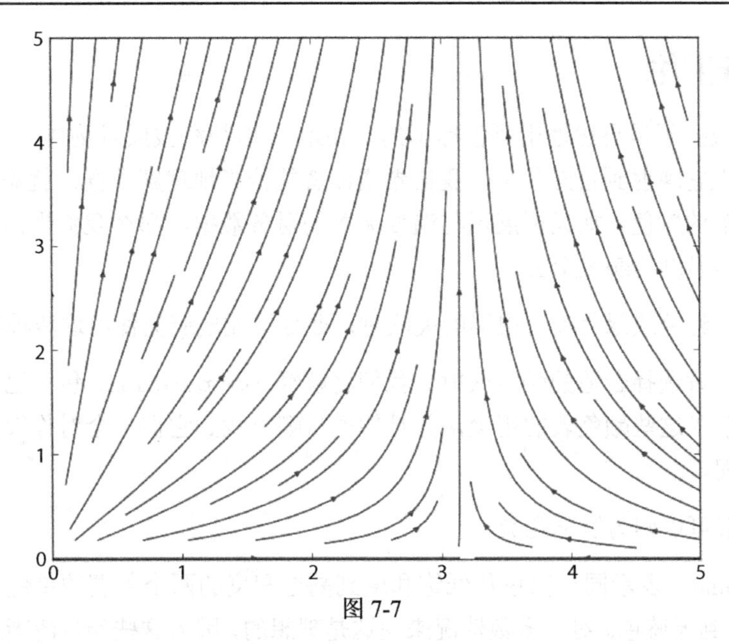

图 7-7

要清楚该图表是生成的线条和箭头补片的集合，因此没有办法（至少现在）更新现有的图形，因为线条和箭头对于矢量和场一无所知。将来的版本可能会实现它，但是目前它是 matplotlib 的一个公认的局限。

7.5.4 补充说明

当然，这个例子只是让我们初步了解一下 matplotlib 流线图的特性和能力。

当你有真正的数据要可视化时，流线图就会体现出其真正的威力。理解了本节内容后，你就能知道流线图能应用在什么场合。这样当你拿到数据并知道其所属的领域后，你就能够选用最适合的工具来完成工作。

7.6 使用颜色表

用颜色来编码数据会极大地影响观察者对可视化图形的理解，因为观察者们对不同颜色及其要表达的信息总会有一个直觉的假设。

其实，用颜色为数据添加额外的信息是件好事情。如果知道什么时候应该选用什么颜色就再好不过了。

7.6.1 准备工作

如果你的数据不是自然地用颜色标示的（如地形/地势海拔或者物体的温度），那么最好不要人为地把它映射到自然色上。我们希望读者能恰当地理解数据，就需要选择一种能让读者容易理解的颜色。如果要展示与温度无关的财务数据，那么我们当然不希望读者把数据映射到表示温度的颜色上去。

如果数据与红色或绿色没有很强的关联时，要尽可能地避免使用这两种颜色。

为了帮助读者选择合适的颜色映射，我们将解释 matplotlib 包中已有的一些颜色表。如果你了解了这些颜色表的用途，并且知道从哪里找到它们，会对你很有帮助，并且会节省很多时间。

颜色表一般可以归为以下几类。

- Sequential：表示同一颜色从低饱和度到高饱和度的两个色调的单色颜色表，例如从白色到天蓝色。对大多数情况来说这是理想的，因为这些颜色清晰地显示了颜色值从低到高的变化。
- Diverging：表示中间值，是颜色的中值（通常是一些明亮的颜色），然后颜色范围在高和低两个方向上变化到两个不同的色调。这对于有明显中值的数据是理想的。例如，当中值是 0 时，颜色表能清晰地显示负值和正值之间的区别。
- Qualitative：对于数据没有固定的顺序，并且想要轻易地区分开不同种类的数据，可以选用该颜色表。
- Cyclic：当数据可以围绕端点值显示的时候，用该颜色表非常方便，例如表示一天的时间、风向或者相位角。

matplotlib 自带许多预定义的颜色表，我们可以把它们划分为几类。我们会为何时使用何种颜色表给出一些建议。最基本且常用的颜色表有 autumn、bone、cool、copper、flag、gray、hot、hsv、jet、pink、prism、sprint、summer、winter 和 spectral。

在 Yorick 科学可视化包中还有其他一些颜色表。这是从 GIST 包演变而来的，因此该集合中的所有颜色表名字中都有一个 gist_前缀。

> Yorick 科学可视化包是一个由 C 编写的解释型语言，最近不是非常活跃。我们可以在其官网中得到更多的信息。

这些颜色表集合包括以下表：gist_earth、gist_heat、gist_ncar、gist_rainbow和gist_stern。

下面介绍基于 ColorBrewer 的颜色表，它们可以分为以下几类。

- Diverging：中间亮度最高，向两端递减。
- Sequential：亮度单调地递减。
- Qualitative：用不同种类的颜色来区分不同的数据类别。

另外还有一些可用的颜色表，如表 7-1 所示。

表 7-1

颜 色 表	描 述
brg	表示一个发散型的蓝—红—绿颜色表
bwr	表示一个发散型的蓝—白—红颜色表
coolwarm	对于 3D 阴影，色盲和颜色排序非常有用
rainbow	表示一个有发散亮度的紫—蓝—绿—黄—橙—红光谱颜色表
seismic	表示一个发散型的蓝—白—红颜色表
terrain	表示地图标记的颜色（蓝、绿、黄、棕和白），最初来自 IGOR Pro 软件

这里展示的大多数颜色表都可以通过在颜色表名字后面加上_r 后缀进行反转，例如 hot_r 是反向循环的 hot 颜色表。

7.6.2 操作步骤

在 matplotlib 中我们可以为许多项目设置颜色表。例如，颜色表可以设置在 image，pcolor 和 scatter 上。我们可以通过 cmap 函数调用时传入的参数来设置颜色表。该参数是 colors.Colormap 的预期实例。

我们也可以使用 matplotlib.pyplot.set_cmap 为绘制在坐标轴上的最新的对象设置 cmap。

通过 matplotlib.pyplot.colormaps 我们可以很容易地得到所有可用的颜色表。打开 IPython，输入以下代码。

```
In [1]: import matplotlib.pyplot as plt

In [2]: plt.colormaps()
```

```
Out[2]:
['Accent',
 'Accent_r',
 'Blues',
 'Blues_r',
...
 'winter',
 'winter_r']
```

注意，我们缩短了上面的输出列表，因为它包含了大约 140 个元素，会占用好几页。

上述代码将导入 pyplot 函数接口，并允许调用 colormaps 函数。colormaps 函数会返回一个所有已注册颜色表的列表。

最后，我们想向你展示如何创建一个美观的颜色表。在下面的例子中，我们需要进行以下操作。

（1）打开 ColorBrewer 网站，得到十六进制格式的 diverging 颜色表颜色值。

（2）生成随机样本 x 和 y，其中 y 为所有值的累积和（模拟股票价格变动）。

（3）在 matplotlib 的散点图函数上做一些定制化。

（4）改变散点标记线条的颜色和宽度，使读者更容易理解。

```
import matplotlib as mpl
import matplotlib.pyplot as plt
import numpy as np

# Red Yellow Green divergent colormap
red_yellow_green = ['#d73027', '#f46d43', '#fdae61',
                    '#fee08b', '#ffffbf', '#d9ef8b',
                    '#a6d96a', '#66bd63', '#1a9850']

sample_size = 1000
fig, ax = plt.subplots(1)

for i in range(9):
    y = np.random.normal(size=sample_size).cumsum()
    x = np.arange(sample_size)
    ax.scatter(x, y, label=str(i), linewidth=0.1,
edgecolors='grey',
               facecolor=red_yellow_green[i])

ax.legend()
```

```
plt.show()
```

上述代码将渲染出一个漂亮的图表，如图 7-8 所示。

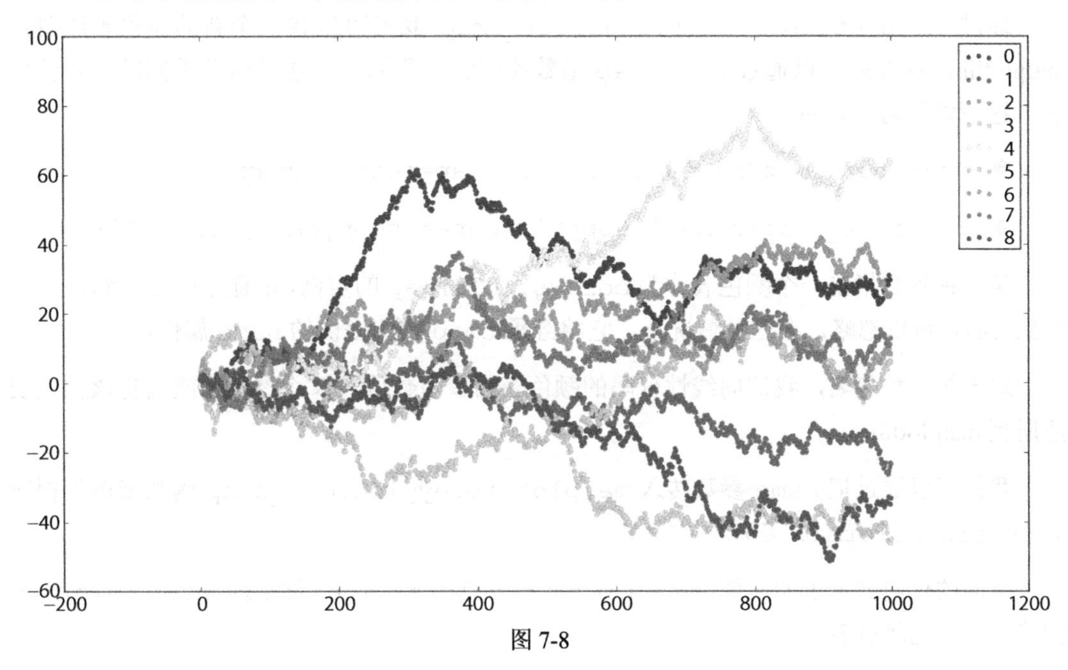

图 7-8

7.6.3　工作原理

从 ColorBrewer 网站找到红—黄—绿 diverging 颜色表的颜色。然后，在代码中列出这些颜色，并把它们应用到散点图中。

ColorBrewer 是一个由 Cynthia Brewer、Mark Harrower 编写的 Web 工具，宾夕法尼亚州立大学开发了其中的颜色表。它是一个非常好用的工具，可以选择不同范围的颜色表并把它们应用在地图上。这样，你可以快速地了解它们显示在一个图表上的样子。

有时候，我们不得不在 `matplotlib.rcParams` 上做一些定制化，这是在创建一个图表或者坐标轴之前要做的第一件事情。

例如，为了为大多数 matplotlib 函数设置默认的颜色表，需要改变配置参数 `matplotlib. rcParams['axes.cycle_color']`。

7.6.4 补充说明

通过 matplotlib.pyplot.register_cmap 我们可以将一个新的颜色表注册到 matplotlib，这样就可以通过 get_cmap 函数找到它。我们可以通过两种不同的方式使用它，这两种签名形式如下。

- register_cmap(name='swirly', cmap=swirly_cmap)
- register_cmap(name='choppy', data=choppydata, lut=128)

第一种签名指定一个颜色表作为 colors.Colormap 的实例，并通过 name 参数注册。参数 name 可以忽略，在这种情况下，它将继承 cmap 实例提供的 name 属性。

对于第二种签名，我们向线性分隔的颜色表构造函数传入 3 个参数，随后把该颜色表注册到 matplotlib。

我们可以通过把 name 参数传入 matplotlib.pyplot.get_cmap 函数来得到相应的 colors.Colormap 实例。

下面的代码展示了如何使用 matplotlib.colors.LinearSegmented Colormap 创建你自己的颜色表：

```
from pylab import *
cdict = {'red': ((0.0, 0.0, 0.0),
                 (0.5, 1.0, 0.7),
                 (1.0, 1.0, 1.0)),
         'green': ((0.0, 0.0, 0.0),
                   (0.5, 1.0, 0.0),
                   (1.0, 1.0, 1.0)),
         'blue': ((0.0, 0.0, 0.0),
                  (0.5, 1.0, 0.0),
                  (1.0, 0.5, 1.0))}
my_cmap = matplotlib.colors.LinearSegmentedColormap('my_
colormap',cdict,256)
pcolor(rand(10,10),cmap=my_cmap)
colorbar()
```

执行该方法很简单，实际上比较难的部分是如何给出信息丰富的颜色组合。这种颜色组合不会丢掉任何可视化的数据信息，同时读者看起来赏心悦目。

对于基本的颜色列表（在之前的表中列出的颜色表），可以用 pylab 快捷方式来设置颜色表。例如：

```
imshow(X)
hot()
```

这将设置图像 X 的颜色表为 cmap = 'hot'。

7.7 使用散点图和直方图

我们经常会遇到散点图，因为它们是呈现两个变量之间关系时最常用的图表。如果想快速地查看两个变量的数据，并看看它们之间是否有关系（也就是相关性），我们可以快速地绘制一个散点图。对于一个散点图，必须有一个变量可以被改变，比如说，实验者系统地改变这个变量，这样就可以观察到它对另一个变量可能产生的影响。

通过本节的学习，你将学会如何理解散点图。

7.7.1 准备工作

举个例子，比如我们想看两个事件是怎么相互影响的，或者它们是否真的相互影响。这种可视化在大数据集合上尤其有用，因为当只有数据时，我们没有办法通过查看原生格式的数据得到任何结论。

如果数值之间存在相关性，这种相关性可以是正相关也可以是负相关。正相关指在增大 *X* 的值时，*Y* 的值也会增加。负相关是增加 *X* 的值，*Y* 的值会减小。在理想情况下，正相关是一条从坐标轴的左下角到右上角的线段。理想的负相关是一条从坐标轴的左上角到右下角的线段。

两个数据点之间理想的正相关是值为 1，理想的负相关是值为-1。所有在此区间内的值表示两个值之间存在较弱的相关性。通常，从两个变量的真正关联的角度看，-0.5 与 0.5 之间的值被认为是没有价值的。

一个正相关的例子是，放到慈善罐中的钱的总数与看到罐子的人数呈正相关性。一个负相关的例子是，从地点 B 到地点 A 所需要的时间，取决于地点 A 与地点 B 之间的距离。距离越大，完成这段旅行所花费的时间也越长。

我们这里展示的正相关的例子并不完美，因为每次访问时，不同的人放的钱的数量可能不同。但是一般来讲，我们可以假定看到罐子的人数量越多，罐子里的钱就越多。

但是要记住，即使散点图显示了两个变量间存在相关性，但是它可能不是一个直接相关。可能有第三个变量影响所绘制的两个变量，因此相关性就仅仅是绘制的变量与第三个变量相关。最后，也许仅是看上去存在明显的相关性，但是在其背后并不存在真正的关系。

7.7.2 操作步骤

通过下面的示例代码，我们将展示散点图如何解释变量间的关联。

我们使用的数据是从 Google Trends 门户网站获得的，在那里可以下载到包含给定参数的相关搜索量的归一化值的 CSV 文件。

将数据存储在 ch07_search_data.py Python 模块中，这样就可以在接下来的代码中导入它。内容如下。

```
# ch07_search_data



# daily search trend for keyword 'flowers' for a year

DATA = [
 1.04,  1.04,  1.16,  1.22,  1.46,  2.34,  1.16,  1.12,  1.24,  1.30,  1.44,
1.22,  1.26,
 1.34,  1.26,  1.40,  1.52,  2.56,  1.36,  1.30,  1.20,  1.12,  1.12,  1.12,
1.06,  1.06,
 1.00,  1.02,  1.04,  1.02,  1.06,  1.02,  1.04,  0.98,  0.98,  0.98,  1.00,
1.02,  1.02,
 1.00,  1.02,  0.96,  0.94,  0.94,  0.94,  0.96,  0.86,  0.92,  0.98,  1.08,
1.04,  0.74,
 0.98,  1.02,  1.02,  1.12,  1.34,  2.02,  1.68,  1.12,  1.38,  1.14,  1.16,
1.22,  1.10,
 1.14,  1.16,  1.28,  1.44,  2.58,  1.30,  1.20,  1.16,  1.06,  1.06,  1.08,
1.00, 1.00,
 0.92,  1.00,  1.02,  1.00,  1.06,  1.10,  1.14,  1.08,  1.00,  1.04,  1.10,
1.06,  1.06,
 1.06,  1.02,  1.04,  0.96,  0.96,  0.96,  0.92,  0.84,  0.88,  0.90,  1.00,
1.08,  0.80,
 0.90,  0.98,  1.00,  1.10,  1.24,  1.66,  1.94,  1.02,  1.06,  1.08,  1.10,
1.30,  1.10,
 1.12,  1.20,  1.16,  1.26,  1.42,  2.18,  1.26,  1.06,  1.00,  1.04,  1.00,
0.98,  0.94,
 0.88,  0.98,  0.96,  0.92,  0.94,  0.96,  0.96,  0.94,  0.90,  0.92,  0.96,
0.96,  0.96,
 0.98,  0.90,  0.90,  0.88,  0.88,  0.88,  0.90,  0.78,  0.84,  0.86,  0.92,
1.00,  0.68,
 0.82,  0.90,  0.88,  0.98,  1.08,  1.36,  2.04,  0.98,  0.96,  1.02,  1.20,
```

```
0.98,  1.00,
 1.08,  0.98,  1.02,  1.14,  1.28,  2.04,  1.16,  1.04,  0.96,  0.98,  0.92,
0.86,  0.88,
 0.82,  0.92,  0.90,  0.86,  0.84,  0.86,  0.90,  0.84,  0.82,  0.82,  0.86,
0.86,  0.84,
 0.84,  0.82,  0.80,  0.78,  0.78,  0.76,  0.74,  0.68,  0.74,  0.80,  0.80,
0.90,  0.60,
 0.72,  0.80,  0.82,  0.86,  0.94,  1.24,  1.92,  0.92,  1.12,  0.90,  0.90,
0.94,  0.90,
 0.90,  0.94,  0.98,  1.08,  1.24,  2.04,  1.04,  0.94,  0.86,  0.86,  0.86,
0.82,  0.84,
 0.76,  0.80,  0.80,  0.80,  0.78,  0.80,  0.82,  0.76,  0.76,  0.76,  0.76,
0.78,  0.78,
 0.76,  0.76,  0.72,  0.74,  0.70,  0.68,  0.72,  0.70,  0.64,  0.70,  0.72,
0.74,  0.64,
 0.62,  0.74,  0.80,  0.82,  0.88,  1.02,  1.66,  0.94,  0.94,  0.96,  1.00,
1.16,  1.02,
 1.04,  1.06,  1.02,  1.10,  1.22,  1.94,  1.18,  1.12,  1.06,  1.06,  1.04,
1.02,  0.94,
 0.94,  0.98,  0.96,  0.96,  0.98,  1.00,  0.96,  0.92,  0.90,  0.86,  0.82,
0.90,  0.84,
 0.84,  0.82,  0.80,  0.80,  0.76,  0.80,  0.82,  0.80,  0.72,  0.72,  0.76,
0.80,  0.76,
 0.70,  0.74,  0.82,  0.84,  0.88,  0.98,  1.44,  0.96,  0.88,  0.92,  1.08,
0.90,  0.92,
 0.96,  0.94,  1.04,  1.08,  1.14,  1.66,  1.08,  0.96,  0.90,  0.86,  0.84,
0.86,  0.82,
 0.84,  0.82,  0.84,  0.84,  0.84,  0.84,  0.82,  0.86,  0.82,  0.82,  0.86,
0.90,  0.84,
 0.82,  0.78,  0.80,  0.78,  0.74,  0.78,  0.76,  0.76,  0.70,  0.72,  0.76,
0.72,  0.70,
 0.64]
```

我们需要执行下面的步骤。

（1）使用一个干净的数据集合，该集合是在 Google Trend 上 `flowers` 关键字一年的搜索量，把该数据集合导入到变量 `d` 中。

（2）使用一个相同长度（365 个数据点）的随机正态分布作为 Google Trend 数据集合，这个集合为 `d1`。

（3）创建包含 4 个子区的图表。

（4）在第一个子区中，绘制 `d` 和 `d1` 的散点图。

（5）在第二个子区中，绘制 d1 和 d1 的散点图。

（6）在第三个子区中，绘制 d1 和反序 d1 的散点图。

（7）在第四个子区中，绘制 d1 和由 d1 与 d 组成的数据集合的散点图。

下面的代码演示了本节之前解释的关系：

```
import matplotlib.pyplot as plt
import numpy as np

# import the data

from ch07_search_data import DATA

d = DATA

# Now let's generate random data for the same period
d1 = np.random.random(365)
assert len(d) == len(d1)

fig = plt.figure()

ax1 = fig.add_subplot(221)
ax1.scatter(d, d1, alpha=0.5)
ax1.set_title('No correlation')
ax1.grid(True)

ax2 = fig.add_subplot(222)
ax2.scatter(d1, d1, alpha=0.5)
ax2.set_title('Ideal positive correlation')

ax2.grid(True)

ax3 = fig.add_subplot(223)
ax3.scatter(d1, d1*-1, alpha=0.5)
ax3.set_title('Ideal negative correlation')
ax3.grid(True)

ax4 = fig.add_subplot(224)
ax4.scatter(d1, d1+d, alpha=0.5)
ax4.set_title('Non ideal positive correlation')
ax4.grid(True)

plt.tight_layout()
```

```
plt.show()
```

当执行上面代码时，得到图 7-9 所示的输出。

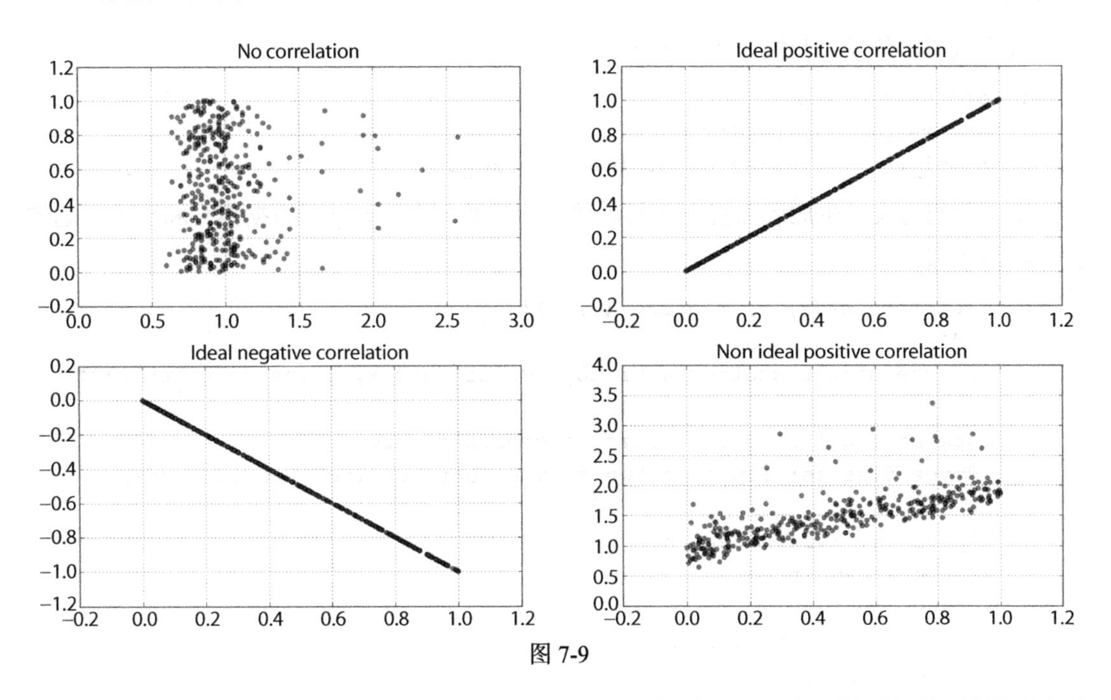

图 7-9

7.7.3 工作原理

在上面的输出中，我们清楚地看到在不同的数据集合之间是否存在相关性。其中，第二幅（右上）图显示了数据集合 d1 和 d1 自身（显然地）之间理想的正相关。第四幅（右下）图表明数据集合间存在一个正相关，但不是理想正相关。我们用 d1 和 d（随机的）构建的这个数据集合来模拟两个相似的信号（事件）。第二幅图使用 d 和 d1 绘制的子区图形中有一定的随机性（或者噪声），但还是可以和原始（d）信号进行比较。

7.7.4 补充说明

我们也可以为散点图添加直方图，通过这种方式我们能了解更多关于所绘制的数据的信息。我们可以添加水平直方图和垂直直方图来显示在 x 轴和 y 轴上数据点的频率。通过这种方法，我们可以同时看到整个数据集合的汇总信息（直方图）和每一个数据点（散点图）。

下面是一个生成散点—直方图组合的代码示例，该代码使用了本节中提到的两个相同的数据集合。代码的重点是 scatterhist()函数，我们可以给它传入不同的数据集合，它使用我们提供的数据集合对一些变量（直方图中 bin 的数量、坐标轴的范围等）进行设置。

我们从通常的导入开始，代码如下。

```
import numpy as np
import matplotlib.pyplot as plt
from mpl_toolkits.axes_grid1 import make_axes_locatable
```

下面代码定义了生成散点直方图的函数，给函数一个（*x*，*y*）数据集合和一个可选的 figsize 参数。

```
def scatterhist(x, y, figsize=(8,8)):
    """
    Create simple scatter & histograms of data x, y inside given plot

    @param figsize: Figure size to create figure
    @type figsize: Tuple of two floats representing size in inches

    @param x: X axis data set
    @type x: np.array

    @param y: Y axis data set
    @type y: np.array
    """

_, scatter_axes = plt.subplots(figsize=figsize)

    # the scatter plot:
    scatter_axes.scatter(x, y, alpha=0.5)
    scatter_axes.set_aspect(1.)

    divider = make_axes_locatable(scatter_axes)
    axes_hist_x = divider.append_axes(position="top", sharex=scatter_
axes,
                                     size=1, pad=0.1)
    axes_hist_y = divider.append_axes(position="right",
sharey=scatter_axes,
                                     size=1, pad=0.1)

    # compute bins accordingly
    binwidth = 0.25
```

```
    # global max value in both data sets
    xymax = np.max([np.max(np.fabs(x)), np.max(np.fabs(y))])
    # number of bins
    bincap = int(xymax / binwidth) * binwidth

    bins = np.arange(-bincap, bincap, binwidth)
    nx, binsx, _ = axes_hist_x.hist(x, bins=bins, histtype='stepfilled',
                       orientation='vertical')
    ny, binsy, _ = axes_hist_y.hist(y, bins=bins, histtype='stepfilled',
                       orientation='horizontal')

    tickstep = 50
    ticksmax = np.max([np.max(nx), np.max(ny)])
    xyticks = np.arange(0, ticksmax + tickstep, tickstep)

    # hide x and y ticklabels on histograms
    for tl in axes_hist_x.get_xticklabels():
        tl.set_visible(False)
    axes_hist_x.set_yticks(xyticks)

    for tl in axes_hist_y.get_yticklabels():
        tl.set_visible(False)
    axes_hist_y.set_xticks(xyticks)

    plt.show()
```

现在，加载数据并调用函数来生成并显示图表。

```
if __name__ == '__main__':  # import the data
    from ch07_search_data import DATA as d

    # Now let's generate random data for the same period
    d1 = np.random.random(365)
    assert len(d) == len(d1)

    # try with the random data
#     d = np.random.randn(1000)
#     d1 = np.random.randn(1000)

    scatterhist(d, d1)
```

上述代码将生成图 7-10 所示的图表。

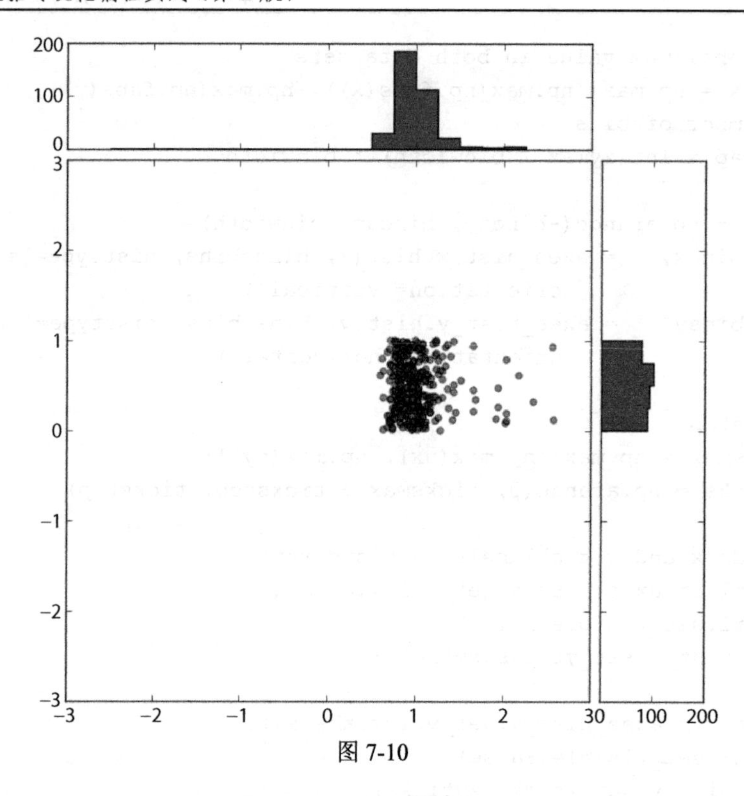

图 7-10

7.8 绘制两个变量间的互相关图形

互相关图形可以应用在以下场景：如果有从两个不同的观察结果得到的两个不同数据集合，我们想知道这两个数据集合是否是相关的。我们想把它们交叉关联来看其是否以某种方式匹配。或者，我们在一个较大的数据样本中寻找一个较小数据样本的模式，这个模式有可能不是一个简单或者明显的模式。

7.8.1 准备工作

我们将使用 pyplot lab 中的 `matplotlib.pyplot.xcorr` 函数。这个函数可以绘制两个数据集合之间的相互关系。通过这种方式我们可以看出绘制的值之间是否存在某个显著的模式。这里假设传入的 `x` 和 `y` 参数的长度相同。

如果传入的 `normed` 参数为 `True`，可以通过零延迟（即没有时间延迟或者时差）的互关联对数据进行归一化。

在内部，由 Numpy 的 `numpy.correlate` 函数来完成相关性计算。

通过参数 usevlines（置为 True），我们告诉 matplotlib 用 vlines() 而不是 plot() 绘制相关图形的线条。二者的主要区别是，如果使用 plot()，可以使用标准的 Line2D 属性设置线条风格，该属性通过**kwargs 参数传入 matplotlib.pyplot.xcorr 函数。

7.8.2 操作步骤

在下面的例子中，我们需要执行以下步骤。

（1）导入 matplotlib.pyplot 模块。

（2）导入 numpy 包。

（3）使用一个干净的数据集合，该集合是 Google 中对关键字 flowers 一年的搜索量趋势。

（4）绘制数据集合（真实的和仿造的）和互相关图表。

（5）为了标签和刻度有一个较好的显示效果使用紧凑布局。

（6）为了能更容易地理解图表添加恰当的标签和网格。

下面代码将会执行以上步骤。

```
import matplotlib.pyplot as plt
import numpy as np

# import the data

from ch07_search_data import DATA as d

total = sum(d)
av = total / len(d)
z = [i - av for i in d]

# Now let's generate random data for the same period
d1 = np.random.random(365)
assert len(d) == len(d1)

total1 = sum(d1)
av1 = total1 / len(d1)
z1 = [i - av1 for i in d1]

fig = plt.figure()

# Search trend volume
```

```
ax1 = fig.add_subplot(311)
ax1.plot(d)
ax1.set_xlabel('Google Trends data for "flowers"')

# Random: "search trend volume"
ax2 = fig.add_subplot(312)
ax2.plot(d1)
ax2.set_xlabel('Random data')

# Is there a pattern in search trend for this keyword?
ax3 = fig.add_subplot(313)
ax3.set_xlabel('Cross correlation of random data')
ax3.xcorr(z, z1, usevlines=True, maxlags=None, normed=True, lw=2)
ax3.grid(True)
plt.ylim(-1,1)

plt.tight_layout()

plt.show()
```

以上代码将生成图 7-11 所示的图表。

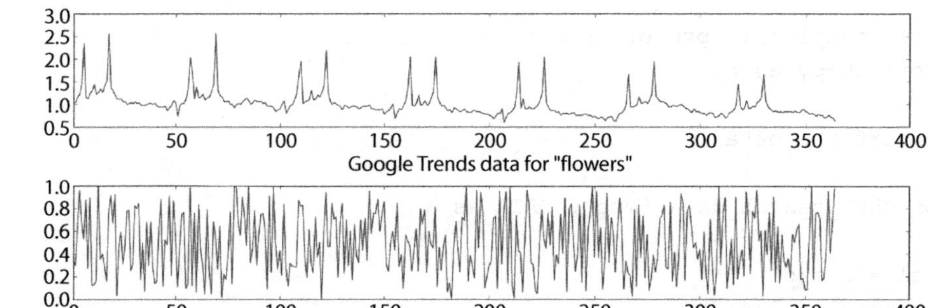

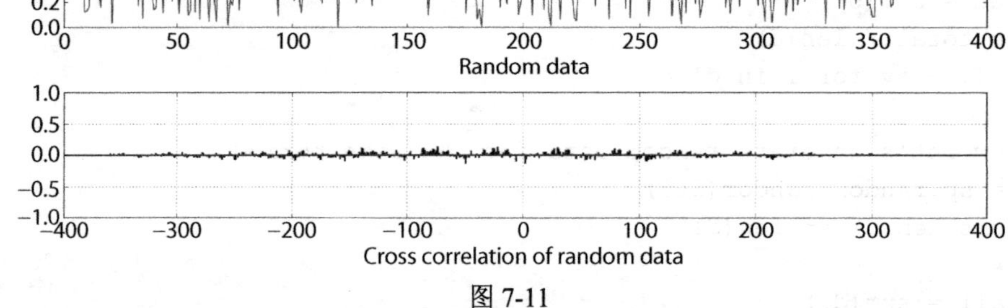

图 7-11

7.8.3 工作原理

我们使用了一个具有可识别模式（请参考图 7-11，在数据集合上两个峰值以相似的方式重复）的真实数据集合。另一个数据集合仅是一些随机正态分布的数据，该数据和从公共服务 Google Trends 上拿到的真实数据有着相同的长度。

我们把这两个数据集合绘制在输出图表的上半部来对其进行可视化。

使用 matplotlib 的 `xcorr` 函数，然后调用 NumPy 的 `correlate()` 函数，计算互相关性并把其绘制在图表的下半部。

NumPy 中的互相关性计算返回一个相关系数数组，该数组表示了两个数据集合（如果应用在信号处理领域，通常指信号）的相似度。

互相关图表，或者叫相关图是指通过相关值的高度（出现在某个时间延迟的竖线）表现，告诉我们这两个信号是否相关。我们可以看到有不止一条竖线（在时间延迟 `n` 上的相关系数）在 0.5 之上。

举个例子，如果两个数据集合在 100s 的时间延迟（也就是通过两种不同的传感器观察到的相同对象在相隔 100s 的两个时间点间的变化）上有相关性，则将在上图输出中的 x=100 的位置上看到一个竖线（表示相关系数）。

7.9　自相关的重要性

自相关表示一个给定的时间序列在一个连续的时间间隔上与自身的延迟（也就是时间上的延迟）之间的相似度。它发生在一个时间序列研究中，指在一个给定的时间周期内的错误在未来的时间周期上会继续存在。例如，如果我们在预测股票红利的走势，某一年红利过高估计往往会导致对接下来年份红利的过高估计。

时间序列分析数据引出了许多不同的科学应用和财务流程，例如生成的财务绩效报表、一段时间的价格、波动性计算等。

在分析未知数据时，自相关可以帮助我们检测数据是否是随机的。对此我们可以使用相关图。它可以提供如下问题的答案：数据是随机的吗？这个时间序列数据是一个白噪声信号吗？它是正弦曲线形的吗？它是自回归的吗？这个时间序列数据的模型是什么？

7.9.1　准备工作

我们将使用 matplotlib 来比较两组数据。一组是某个关键字一年（365 天）的 Google 每日搜索量的趋势。另一组是符合正态分布的 365 个随机测量值（生成的随机数据）。

接下来我们将分析两个数据集合的自相关性，并比较相关图是如何可视化数据中的模式的。

7.9.2 操作步骤

本小节的步骤如下。

（1）导入 matplotlib.pyplot 模块。

（2）导入 numpy 包。

（3）使用一个干净的 Google 一年搜索量的数据集合。

（4）绘制数据和其自相关图表。

（5）用 NumPy 生成一个相同长度的随机数据集合。

（6）在相同图表上绘制随机数据集合和其自相关图表。

（7）添加合适的标签和网格以更好地理解图表。

下面是代码部分。

```
import matplotlib.pyplot as plt
import numpy as np

# import the data

from ch07_search_data import DATA as d

total = sum(d)
av = total / len(d)
z = [i - av for i in d]

fig = plt.figure()
# plt.title('Comparing autocorrelations')

# Search trend volume
ax1 = fig.add_subplot(221)
ax1.plot(d)
ax1.set_xlabel('Google Trends data for "flowers"')

# Is there a pattern in search trend for this keyword?
ax2 = fig.add_subplot(222)
ax2.acorr(z, usevlines=True, maxlags=None, normed=True, lw=2)
ax2.grid(True)
ax2.set_xlabel('Autocorrelation')
```

```
# Now let's generate random data for the same period
d1 = np.random.random(365)
assert len(d) == len(d1)

total = sum(d1)
av = total / len(d1)
z = [i - av for i in d1]

# Random: "search trend volume"
ax3 = fig.add_subplot(223)
ax3.plot(d1)
ax3.set_xlabel('Random data')

# Is there a pattern in search trend for this keyword?
ax4 = fig.add_subplot(224)
ax4.set_xlabel('Autocorrelation of random data')
ax4.acorr( z, usevlines=True, maxlags=None, normed=True, lw=2)
ax4.grid(True)

plt.show()
```

上述代码将生成图 7-12 所示的图表。

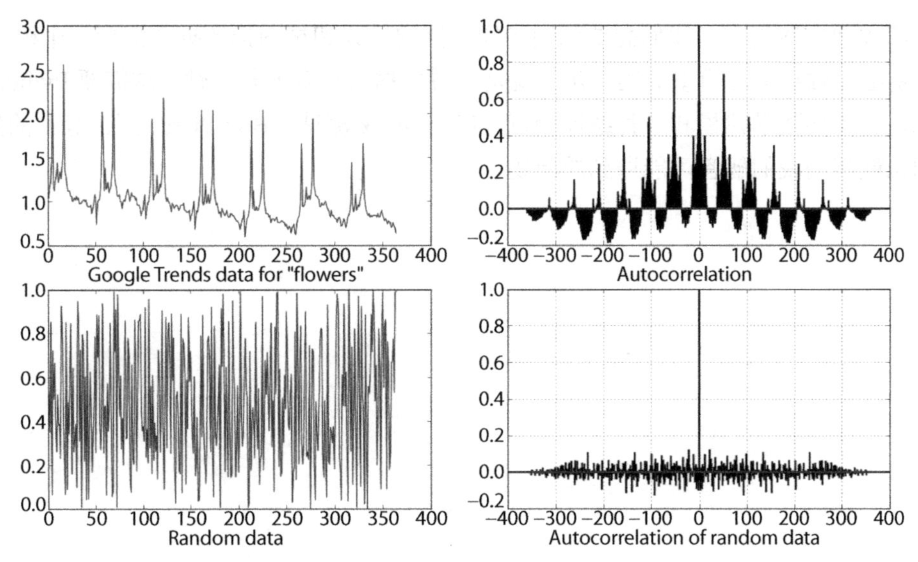

图 7-12

7.9.3 工作原理

通过观察左手边的图表，我们能很容易地识别出搜索量数据的模式；左下方的图表是正态分布的随机数据，其模式不是很明显，但仍然有可能。

在随机数据上计算自相关性并绘制自相关图表，可以看到在 0 处的相关性很高，这是我们所期望的，数据在没有任何时间延迟的时候和自身是相关的。但在无时间延迟之前和之后，信号几乎为 0。因此我们可以安全地推断初始时间的信号和任何时间延迟上的信号没有相关性。

再看一下真实的数据——Google 搜索量趋势，我们可以看到在 0s 时间延迟上有相同的表现，我们也可以预料对于任何自相关信号都会有相同的表现。但是我们看到在 0s 时间延迟之后的大约 20、60 和 110 天存在很强的信号。这表明在 Google 搜索引擎上这个特殊的搜索关键字以及人们搜索它的方式之间存在一个模式。

我们把为什么这里会存在一个很大差异的解释工作留给读者。请记住相关和因果关系是两个非常不同的概念。

7.9.4 补充说明

自相关通常应用在当我们想要识别未知数据的模式和试图把数据匹配到一个模型的时候。识别给定数据集合模型的第一步，就是查看数据与自身的相关性。这需要 Python 以外的知识，它需要数学建模和各种统计测试（Ljung-Box 测试、Box-Pierce 测试等）的知识，这些知识能帮助我们解答可能遇到的问题。

第 8 章 更多的 matplotlib 知识

本章包含以下内容。

- 绘制风杆（barbs）。
- 绘制箱线图。
- 绘制甘特图。
- 绘制误差条。
- 使用文本和字体属性。
- 用 LaTeX 渲染文本。
- 理解 pyplot 和 OO API 的不同。

8.1 简介

本章将学习一些 matplotlib 包中不太常使用的特性。其中的一些例子超出了本书对 matplotlib 最初设定的目标，但是它们展示了如何用 matplotlib 做一些创造性的工作，并证明了 matplotlib 是一个功能全面并且用途广泛的工具。

8.2 绘制风杆（barbs）

风杆是风速和风向的一种表现形式，主要由气象学家使用。理论上讲，它们可以被用来可视化任何类型的二维向量。它们和箭头类似，但不同的是箭头通过长度表示向量的大小，而风杆把直线或三角形作为大小增量来表示向量的信息。

接下来会解释风杆是什么、如何理解风杆，以及如何用 Python 和 matplotlib 将其绘制出来。图 8-1 所示的是一组典型的风杆：

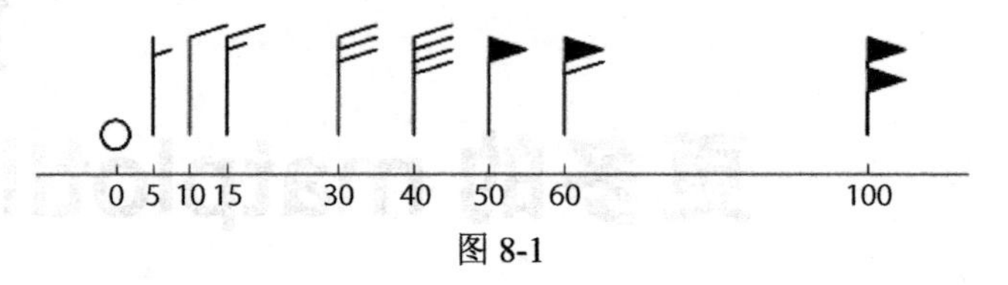

图 8-1

在上图中的三角形或者称为旗标，代表最大的增量。一个完整的线段或者风杆代表一个较小的增量；半条线段表示最小的增量。

半线段、线段和三角形相应的增量依次为 5、10 和 65。对于气象学家，这些值表示以海里/小时（或者称为节）为单位的风速。

我们把风杆从左向右排列，它们依次表示的大小为：0、5、10、15、30、40、40、50、60 和 100 节。这里每一个风杆的方向是相同的，为从北向南，因为每一个风杆的东西向风速为 0。

8.2.1 准备工作

风杆可以通过 matplotlib 中的 `matplotlib.pyplot.barbs` 函数创建。

barbs 函数接收多种参数，但可以只给定 `X` 和 `Y` 坐标来表示所观测数据点的位置。第二对参数 `U`、`V`，表示在北—南方向和东—西方向上以节为单位的向量的大小。

其他一些有用的参数包括中心点、大小和各种着色参数。

中心点（`pivot`）指显示在网格点上的箭头的一部分。箭头可以围绕中心点旋转。箭头可以围绕其尖端或者中间旋转，这些值都是有效的中心点参数。

风杆是由几部分组成的，因此我们可以分别设置每一部分的颜色。以下是几个与颜色设置有关的参数。

- `barbcolor`：定义了风杆中除旗标之外的所有部分的颜色。
- `flagcolor`：定义了风杆上旗标的颜色。
- `facecolor`：如果上面两个颜色参数都没有指定（或者使用 `rcParams` 的默认值），则使用该参数。

如果指定了前两个参数中的任何一个，`facecolor` 参数将被覆盖。`facecolor` 参数常用于为多边形着色。

大小参数（sizes）指定了与风杆长度相关的属性的大小。这是一个参数集合，可以通过以下任何一个或者所有的关键字指定。

- spacing：定义旗标/风杆属性间的间距。
- height：定义箭杆到旗标或者风杆顶部的距离。
- width：定义旗标的宽度。
- emptybarb：定义表示最小值的圆圈的半径。

8.2.2 操作步骤

让我们通过执行下面的步骤来演示如何使用 barb 函数。

（1）生成一个坐标网格来模拟观测点。

（2）模拟风速的观测值。

（3）绘制风杆图。

（4）绘制箭头来显示不同的外观。

下面是生成图表的代码：

```
import matplotlib.pyplot as plt
import numpy as np

x = np.linspace(-20, 20, 8)
y = np.linspace(  0, 20, 8)

# make 2D coordinates
X, Y = np.meshgrid(x, y)

U, V = X+25, Y-35


# plot the barbs
plt.subplot(1,2,1)
plt.barbs(X, Y, U, V, flagcolor='green', alpha=0.75)
plt.grid(True, color='gray')

# compare that with quiver / arrows
plt.subplot(1,2,2)
```

```
plt.quiver(X, Y, U, V, facecolor='red', alpha=0.75)

# misc settings
plt.grid(True, color='grey')
plt.show()
```

以上代码生成图 8-2 所示的两个图形。

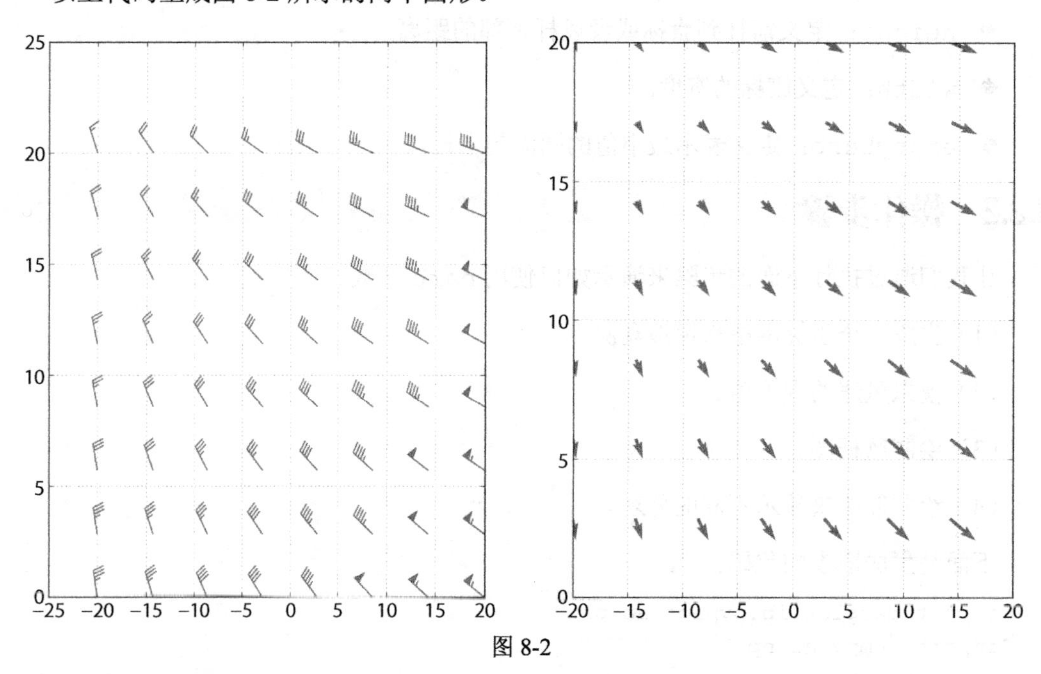

图 8-2

8.2.3 工作原理

为了演示如何使用相同的数据呈现出不同信息，我们使用 matplotlib 中的风杆图和箭形图对模拟的风力观测数据分别进行可视化。

首先，用 NumPy 生成不同的 x 和 y 样本数组。然后，使用 NumPy 的 `meshgrid()` 函数创建出一个 2D 坐标网格，我们的观测数据是在该网格的特定坐标上采样的。最后，`U` 和 `V` 是以节为单位的 NS（北—南）和 EW（东—西）方向的风速值。为了本节的演示需要，我们调整了 `X` 和 `Y` 矩阵中的一些值。

接下来，把图表分成两个子区，在左边的区域绘制风杆，在右边的区域绘制箭头。同时对两个子区的颜色和透明度稍加调整，并且打开两个子区的网格显示。

8.2.4　补充说明

这在北半球完全没有问题，因为在那里风是按照逆时针方向旋转的，并且羽毛（风杆的三角形、全直线和半直线）指向低压的方向。在南半球，情况就颠倒了，这时我们的风力风杆图就不能正确地表现要可视化的数据了。

我们必须反转羽毛的方向。幸运的是，barbs 函数有一个参数 `flip_barb`。这个参数可以是一个单一的布尔值（`True` 或 `False`），也可以是一个与数据序列相同长度的布尔值序列，这样就可以为序列中的每一个风杆指定倾斜方向。

8.3　绘制箱线图

你想在一幅图表中可视化一系列测量（或观测）数据来显示这些数据的属性（如中值、数据扩散和数据分布）吗？你想以一种可以直观地比较几个相似的数据系列的方式来可视化数据吗？你会怎样可视化它们呢？此时，该用到箱线图了！如果你在和一个习惯了密集信息的人讨论问题，箱线图很可能是进行分布对比的最佳选择。

从比较学校之间的测验成绩，到比较变化（优化）前后的流程参数，箱线图的应用面很广。

8.3.1　准备工作

箱线图都由哪些元素组成？如图 8-3 所示，在箱线图中有几个非常重要的载有信息的元素。第一个是箱体，包含从低四分位到高四分位的四分位范围信息。数据的中值由横穿箱体的一条线段表示。

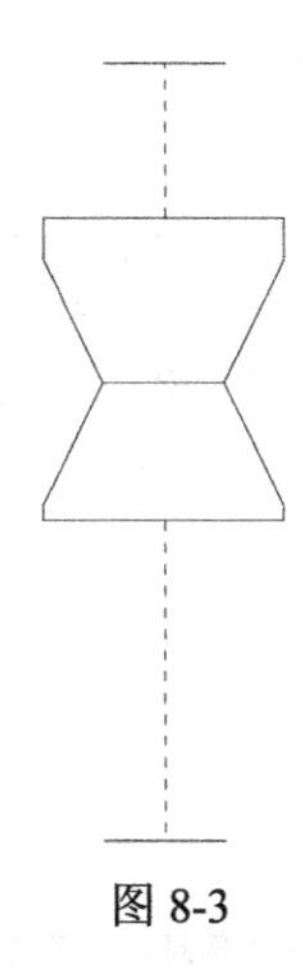

图 8-3

箱须是从数据的第一个四分位（25%）到最后一个四分位（75%），并向箱体的两端延伸。换句话说，箱须从四分位间范围的基线开始向外延伸了四分位间距的 1.5 倍。在正态分布的情况下，箱须将涵盖总数据范围的 99.3%。

如果在箱须范围外还有值，它们将被标记为异常值[①]，否则，箱须将覆盖整个数据范围。

视情况而定，箱体也可以包含围绕中值相关的置信区间信息。这通过在箱体上的一个凹槽来表示。该信息可以用来指出两组数据是否有着相似的分布情况。然而，这并不严格，只是作为观测的一个指导信息。

8.3.2 操作步骤

在接下来的小节中，我们将学习如何用 matplotlib 创建箱线图。我们将完成以下步骤。

（1）采样一定量的过程数据，其中每一个整数值代表在观测的运行期间错误的发生次数。

（2）把 PROCESSES 字典的数据读入 DATA。

（3）把 PROCESSES 字典的标签读入 LABELS。

（4）用 matplotlib.pyplot.boxplot 绘制箱线图。

（5）从图表中去掉一些图表垃圾信息（chartjunk）[②]。

（6）添加坐标轴标签。

（7）显示图表。

下面是实现这些步骤的代码。

```
import matplotlib.pyplot as plt
# define data
PROCESSES = {
    "A": [12, 15, 23, 24, 30, 31, 33, 36, 50, 73],
    "B": [6, 22, 26, 33, 35, 47, 54, 55, 62, 63],
    "C": [2, 3, 6, 8, 13, 14, 19, 23, 60, 69],
    "D": [1, 22, 36, 37, 45, 47, 48, 51, 52, 69],
    }

DATA = PROCESSES.values()
LABELS = PROCESSES.keys()
```

① 参见 2.10 节。——译者注

② chartjunk 指存在于图表中的一些与读者理解数据无关的信息，或者会分散读者的注意力的一些信息。——译者注

```
plt.boxplot(DATA, notch=False, widths=0.3)

# set ticklabel to process name
plt.gca().xaxis.set_ticklabels(LABELS)

# some clean up(removing chartjunk)
# turn the spine off
for spine in plt.gca().spines.values():
spine.set_visible(False)

# turn all ticks for x-axis off
plt.gca().xaxis.set_ticks_position('none')
# leave left ticks for y-axis on
plt.gca().yaxis.set_ticks_position('left')

# set axes labels
plt.ylabel("Errors observed over defined period.")
plt.xlabel("Process observed over defined period.")

plt.show()
```

上面代码生成的图形如图 8-4 所示。

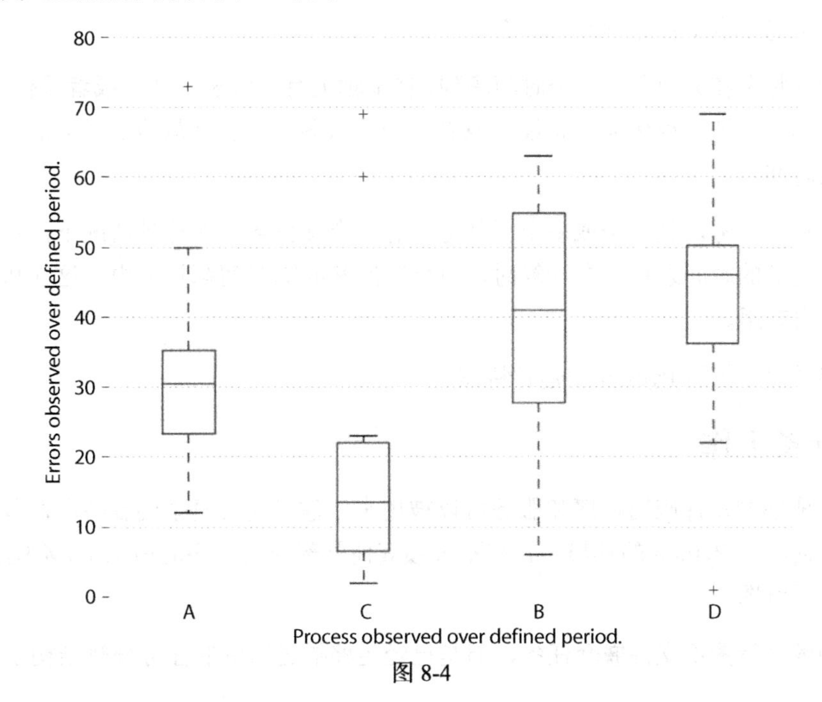

图 8-4

8.3.3 工作原理

首先计算出给定数据 DATA 的四分位数，然后绘制出箱线图。

这些四分位数被用来计算所绘制的箱体和箱须的线段。

为了让图表看起来更美观，我们做了些调整，去掉了所有不必要的线条（多余的线条，如“图表垃圾”，在 Edward R. Tufte 编写的著作 *The Visual Display of Quantitative Information* 一书中提到过）。这些线条不包含任何信息，却为读者带来了额外的负担，分散了他们来理解这些线条的精力。

8.4 绘制甘特图

甘特图是一种被广泛使用的基于时间数据的可视化方式。甘特图由机械工程师 Henry Gantt 在 19 世纪 10 年代发明，并以该工程师的名字命名。它是专门用来可视化项目管理中的工作分解结构。甘特图因具有很强的叙述性而深受管理者的喜爱，但是却不那么受员工的喜爱，尤其是临近项目截止日期的时候。

甘特图的使用非常普遍，每个人也都能够读懂它。即使为它添加一些附加（相关的或不相关的）信息，也不会影响其可读性。

基本的甘特图在 x 轴上有一个时间序列，在 y 轴上有一些表示任务或者子任务的标签。任务持续时间通常被可视化为一条线段或者一个柱状图表，它是从给定任务的开始时间延伸到其结束时间。

如果存在子任务，且一个或多个子任务都有一个父任务。在这种情况下，任务的总时间是所有子任务的时间之和。在计算时，重叠时间和间隔时间都算在内。这在执行关键路径分析时非常有用。

本节将学习如何用 Python 创建甘特图。

8.4.1 准备工作

有许多成熟的软件应用程序和服务可以被用来创建灵活且复杂的甘特图。我们将试着向你展示如何在纯 Python 的环境中，在不依赖其他外部应用程序的情况下，创建出美观且信息丰富的甘特图。

示例中的甘特图不支持嵌套任务，但是已经足够描述简单的任务分解结构了。

8.4.2 操作步骤

我们将使用下面的代码示例来展示如何使用 Python 和 matplotlib 绘制甘特图。执行下面的步骤。

（1）加载包含任务的 TEST_DATA，并用 TEST_DATA 实例化 Gantt 类。

（2）每一个任务包含一个标签，以及开始和结束时间。

（3）在坐标轴上绘制水平条来表示所有的任务。

（4）为渲染的数据格式化 x 轴和 y 轴。

（5）让图表布局紧凑些。

（6）显示甘特图。

下面是示例代码。

```
from datetime import datetime
import sys

import numpy as np
import matplotlib.pyplot as plt
import matplotlib.font_manager as font_manager
import matplotlib.dates as mdates

import logging


class Gantt(object):
    '''
Simple Gantt renderer.
    Uses *matplotlib* rendering capabilities.
    '''

    # Red Yellow Green diverging colormap
    # from http://colorbrewer2.org/
RdYlGr = ['#d73027', '#f46d43', '#fdae61',
              '#fee08b', '#ffffbf', '#d9ef8b',
              '#a6d96a', '#66bd63', '#1a9850']

POS_START = 1.0
POS_STEP = 0.5
```

```
def __init__(self, tasks):
self._fig = plt.figure()
self._ax = self._fig.add_axes([0.1, 0.1, .75, .5])

self.tasks = tasks[::-1]

def _format_date(self, date_string):
        '''
        Formats string representation of *date_string* into
*matplotlib. dates*
instance.
        '''
try:
date = datetime.strptime(date_string, '%Y-%m-%d %H:%M:%S')
exceptValueError as err:
logging.error("String '{0}' can not be converted to datetime object:
{1}".
                  format(date_string, err))
sys.exit(-1)
mpl_date = mdates.date2num(date)
returnmpl_date

def _plot_bars(self):
        '''
        Processes each task and adds *barh* to the current *self._ax*
(*axes*).
        '''
        i = 0
for task in self.tasks:
start = self._format_date(task['start'])
end = self._format_date(task['end'])
bottom = (i * Gantt.POS_STEP) + Gantt.POS_START
width = end - start
            self._ax.barh(bottom, width, left=start, height=0.3,
align='center', label=task['label'],
color = Gantt.RdYlGr[i])
            i += 1

def _configure_yaxis(self):
        '''y axis'''
task_labels = [t['label'] for t in self.tasks]
pos = self._positions(len(task_labels))
ylocs = self._ax.set_yticks(pos)
```

```
ylabels = self._ax.set_yticklabels(task_labels)
plt.setp(ylabels, size='medium')

def _configure_xaxis(self):
        '''x axis'''
        # make x axis date axis
        self._ax.xaxis_date()

        # format date to ticks on every 7 days
rule = mdates.rrulewrapper(mdates.DAILY, interval=7)
loc = mdates.RRuleLocator(rule)
formatter = mdates.DateFormatter("%d %b")

self._ax.xaxis.set_major_locator(loc)
        self._ax.xaxis.set_major_formatter(formatter)
xlabels = self._ax.get_xticklabels()
plt.setp(xlabels, rotation=30, fontsize=9)

def _configure_figure(self):
        self._configure_xaxis()
    self._configure_yaxis()

        self._ax.grid(True, color='gray')
        self._set_legend()
        self._fig.autofmt_xdate()

def _set_legend(self):
        '''
        Tweak font to be small and place *legend*
in the upper right corner of the figure
        '''
font = font_manager.FontProperties(size='small')
        self._ax.legend(loc='upper right', prop=font)

def _positions(self, count):
        '''
        For given *count* number of positions, get array for the
positions.
        '''
end = count * Gantt.POS_STEP + Gantt.POS_START
pos = np.arange(Gantt.POS_START, end, Gantt.POS_STEP)
return pos
```

下面的代码是生成甘特图的主函数。在这个函数中，我们把数据加载到一个实例中，绘制出相应的水平条，并设置好时间坐标轴（x 轴）的日期格式和 y 轴（项目任务）上的值。

```
def show(self):
        self._plot_bars()
        self._configure_figure()
plt.show()


if __name__ == '__main__':
TEST_DATA = (
{ 'label': 'Research',       'start':'2013-10-01 12:00:00', 'end':
'2013-10-02 18:00:00'},  # @IgnorePep8
{ 'label': 'Compilation',     'start':'2013-10-02 09:00:00', 'end':
'2013-10-02 12:00:00'},  # @IgnorePep8
{ 'label': 'Meeting #1',      'start': '2013-10-03 12:00:00', 'end':
'2013-10-03 18:00:00'},  # @IgnorePep8
{ 'label': 'Design',          'start': '2013-10-04 09:00:00', 'end':
'2013-10-10 13:00:00'},  # @IgnorePep8
{ 'label': 'Meeting #2',      'start': '2013-10-11 09:00:00', 'end':
'2013-10-11 13:00:00'},  # @IgnorePep8
{ 'label': 'Implementation', 'start': '2013-10-12 09:00:00', 'end':
'2013-10-22 13:00:00'},  # @IgnorePep8
{ 'label': 'Demo',            'start': '2013-10-23 09:00:00', 'end':
'2013-10-23 13:00:00'},  # @IgnorePep8
                )

gantt = Gantt(TEST_DATA)
gantt.show()
```

代码将生成一个简单美观的甘特图，如图 8-5 所示。

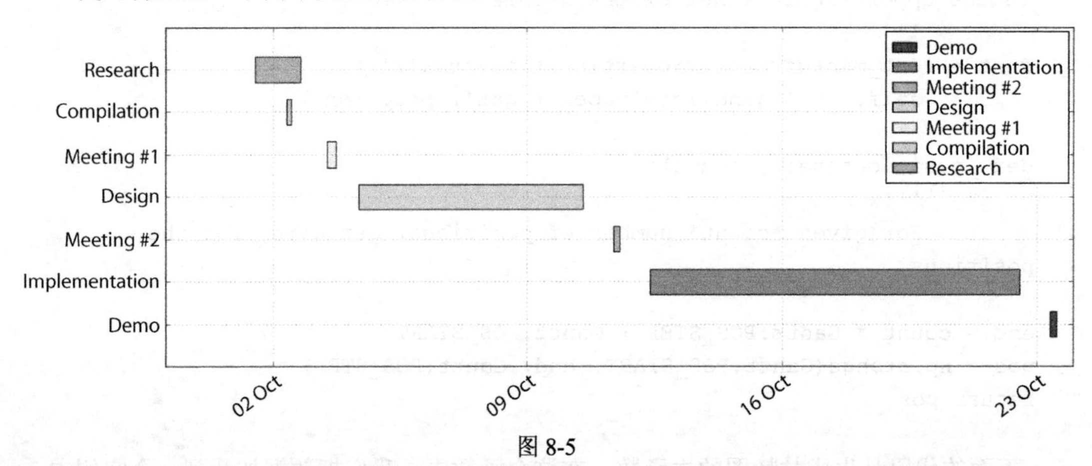

图 8-5

8.4.3 工作原理

我们从代码底部开始阅读。首先给定 TEST_DATA 参数以实例化 Gantt 类。把 TEST_DATA 保存在 self.tasks 字段中，并且创建坐标轴和图形窗口来保存要创建的图表。

然后，在实例上调用 show()方法，该方法执行所需的步骤以创建甘特图。

```
def show(self):
        self._plot_bars()
        self._configure_figure()
plt.show()
```

绘制水平条需要一个循环，在循环中把每一个任务的名称和持续时间数据应用到 matplotlib.pyplot.barh 函数上，并把它添加到 self._ax 坐标轴中。通过为每一个任务添加一个不同（增量）的 bottom 参数值，我们可以把每个任务放在一个单独的通道上。

并且，为了能容易地把任务映射到它们的名字上，我们对其循环应用 colorbrewer2.org 工具生成的 divergent 颜色表。

下一步是配置图表，即设置 *x* 轴上的日期格式和 *y* 轴上的刻度位置和标签，来与用 matplotlib.pyplot.barh 函数绘制的任务进行匹配。

然后，对 grid 和 legend 做最后的调整。

最后，调用 plt.show()把图表显示出来。

8.5 绘制误差条

误差条在显示图表中数据的离散度时非常有用。作为可视化的一种形式，它们相对比较简单，然而，它们也有一些问题。因为在不同的学科和出版物中，对于把什么作为错误来显示没有一致的意见。但这并没有影响误差条的作用，只是要求我们谨慎，并且要明确误差条的含义。

8.5.1 准备工作

为了能在裸观测的数据上绘制误差条，我们需要计算所要显示数据的平均值和误差。我们计算的误差表示的是观测数据 95%的置信区间。如果数据平均值是稳定的，标明观测数据是对总体的良好估计。

matplotlib 通过 matplotlib.pyplot.errorbar 函数来绘制误差条。它提供了不同种类的误差条。误差条可以是竖直的（yerr）或者水平的（xerr），对称的或者非对称的。

8.5.2 操作步骤

在下面的代码中我们将进行以下操作。

（1）使用一些包含 4 组观测值的采样数据。

（2）对每一组观测值，计算出平均值。

（3）对每一组观测值，计算出 95%置信区间。

（4）使用竖直对称的误差条绘制出误差条图。

代码如下。

```
import matplotlib.pyplot as plt
import numpy as np
import scipy.stats as sc

TEST_DATA = np.array([[1,2,3,2,1,2,3,4,2,3,2,1,2,3,4,4,3,2,3,2,3,2,1],
                      [5,6,5,4,5,6,7,7,6,7,7,2,8,7,6,5,5,6,7,7,7,6,5],
                      [9,8,7,8,8,7,4,6,6,5,4,3,2,2,2,3,3,4,5,5,5,6,1],
                      [3,2,3,2,2,2,2,3,3,3,3,4,4,4,4,5,6,6,7,8,9,8,5],
                      ])

# find mean for each of our observations
y = np.mean(TEST_DATA, axis=1, dtype=np.float64)
# and the 95% confidence interval
ci95 = np.abs(y - 1.96 * sc.sem(TEST_DATA, axis=1))

# each set is one try
tries = np.arange(0, len(y), 1.0)

# tweak grid and setup labels, limits
plt.grid(True, alpha=0.5)
plt.gca().set_xlabel('Observation #')
plt.gca().set_ylabel('Mean (+- 95% CI)')
plt.title("Observations with corresponding 95% CI as error bar.")
plt.bar(tries, y, align='center', alpha=0.2)
plt.errorbar(tries, y, yerr=ci95, fmt=None)
```

```
plt.show()
```

上述代码将生成带误差条的图形，该图形显示的 95%置信区间为沿 y 轴方向延伸的须线段。记住，线段越宽，表示观测的平均值为真的可能性就越低。图 8-6 所示为上述代码的输出。

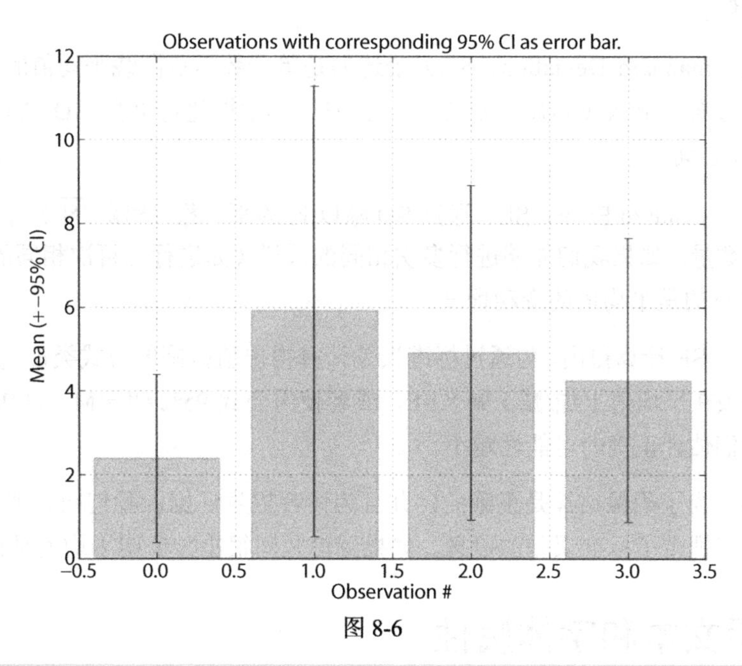

图 8-6

8.5.3 工作原理

为了避免在每一个观测数据集合上进行迭代，我们使用 NumPy 的向量化方法来计算均值和标准误差，然后用计算得出的值绘制并计算误差值。

NumPy 的向量化实现是用 C 语言编写的（在 Python 中被调用），这能让计算速度提高好几个数量级。

这对于少量数据点并不重要，但是对于成千上万个数据点来说，NumPy 的向量化实现却能在关键时刻帮我们创建出响应式的应用程序。

此外，你可能注意到，我们在 np.mean 函数调用中显式地指定了 dtype=np.float64。按照 NumPy 官方文档的解释，如果使用单精度，np.mean 可能不准确，最好使用 np.float32 来计算均值。如果你的机器性能好，则可以使用 np.float64。

8.5.4 补充说明

对于在误差条上要显示什么的讨论从未停息。一些人建议使用 SD、2SD、SE 或者 95%CI。我们必须要明白这些值之间的区别以及它们的用途，才能对在什么时候使用哪种值做出合理的解释。

标准偏差（Standard Deviation，SD）描述的是单个数据点围绕平均值的分布情况。如果有一个正态分布，那么我们知道 68.2%（约 2/3）的数据值将落在±SD 之间，95.4%的值将落在±2×SD 之间。

标准误差（Standard Error，SE）通过 SD 除以 N 的平方根（$SD/\sqrt{N}$）计算得出，其中 *N* 为数据点的数量。如果我们能够进行多次相同的采样（如进行上百次相同的研究），标准误差（SE）描述的是平均值的变动程度。

置信区间从 SE 计算得出，与通过标准误差计算得出值范围的方式类似。为了计算 95%置信区间，必须在平均值上加/减 1.96×SE，或者使用公式 95% CI = M ± (1.96×SE)。置信区间越宽，我们估计正确的可能性越小。

可以看到，为了确保估计是正确的，并且为读者提供证据，我们应该把置信区间显示出来，置信区间携带了标准误差的信息。如果置信区间很小，证明平均值是稳定的。

8.6 使用文本和字体属性

我们已经学习了如何通过添加图例来对图表进行注解，但是有时候，我们需要添加更多的文本信息。本节将解释和演示 matplotlib 中更多文本操作的特性，从而为更高级的排版需要提供一个强大的工具箱。

在本节中我们不介绍 LaTex，因为 8.7 节会对其进行专门介绍。

8.6.1 准备工作

我们首先列出 matplotlib 提供的最有用的一系列函数。这些函数中的大多数都能在 `pyplot` 模块的接口中找到，但是我们在这里又列出它们最初的函数。如果某个特定的文本特性没有在本节提到的话，那么你能够借助它们去了解更多内容。

表 8-1 显示的是基本的文本操作，以及它们在 matplotlib OO API 中对应的函数。

表 8-1

matplotlib.pyplot	Matplotlib API	描 述
text	matplotlib.axes.Axes.text	在指定的位置（x，y）为坐标轴添加文本。fontdict 参数允许我们覆盖一般的字体属性，或者可以使用 kwargs 覆盖特定的属性
xlabel	matplotlib.axes.Axes.set_xlabel	设置 *x* 轴的标签。通过 labelpad 指定标签和 *x* 轴之间的间隔
ylabel	matplotlib.axes.Axes.set_ylabel	和 xlabel 类似，但用于 *y* 轴
title	matplotlib.axes.Axes.set_title	设置坐标轴的标题。接收所有一般的文本属性，如 fontdict 和 kwargs
suptitle	matplotlib.figure.Figure.suptitle	为图表添加一个居中的标题。通过 kwargs 接收所有通用文本属性。使用 Figure 坐标
figtext	matplotlib.figure.Figure.text	在图表的任意位置添加文本。位置通过 x、y 定义，使用图表的归一化坐标。使用 fontdict 覆盖字体属性，但也支持使用 kwargs 覆盖任何文本相关的属性

matplotlib.text.Text 实例支持的字体属性如表 8-2 所示。

表 8-2

属 性	值	描 述
family	'serif', 'sans-serif', 'cursive', 'fantasy', 'monospace'	指定字体名称或字体类型。如果是一个列表，那么按优先级顺序排列，这样将使用第一个匹配的字体名称

续表

属　　性	值	描　　述
size 或 fontsize	12, 10,... or 'xx-small', 'x-small', 'small', 'medium', 'large', 'x-large', 'xx-large'	指定字体的相对大小或者绝对点数，或者指定字体的相对大小为一个大小字符串
style 或 fontstyle	'normal', 'italic', 'oblique'	指定字体风格为一个字符串
variant	'normal', 'small-caps'	指定字体的变体形式
weight 或 fontweight	0-1000 or 'ultralight', 'light', 'normal', 'regular', 'book', 'medium', 'roman', 'semibold', 'demibold', 'demi', 'bold', 'heavy', 'extra bold', 'black'	指定字体粗细或者使用一个特定的粗细字符串。字体粗细定义为相对于字体高度的字符轮廓厚度

续表

属　　性	值	描　　述
stretch或fontstretch	0-1000 or 'ultra-condensed', 'extra-condensed', 'condensed', 'semi-condensed', 'normal', 'semi-expanded', 'expanded', 'extra-expanded', 'ultra-expanded'	指定字体的拉伸。拉伸定义为水平的压缩或者扩张。该属性目前没有实现
fontproperties	—	默认使用 matplotlib.font_manager.FontProperties 实例。该类存储并管理 W3C CSS Level1 规范中描述的字体属性

我们也可以指定包含文本的背景框，并可以为其指定颜色、边界和透明度。

基本的字体颜色从 rcParams['text.color'] 中读取，当然这是在当前的实例上没有指定字体颜色的前提下。

指定的字体也可以按照视觉的需要进行对齐，对齐属性如下。

- horizontalalignment 或 ha：允许的字体水平对齐方式有 center、left 和 right。
- verticalalignment 或 va：允许的值有 center、top、bottom 和 baseline。
- multialignment：允许跨多行的文本字符串对齐，允许的值有 left、right 和 center。

8.6.2　操作步骤

到目前为止一切顺利，但是绘制我们创建的字体的所有变体却不容易。所以在这里先说明一下我们可以做的事情。下面的代码将执行以下步骤。

（1）列出我们想要改变的字体的所有可能属性。

（2）在第一个变体集合上循环字体类型和大小。

（3）在第二个变体集合上循环字体粗细和风格。

（4）为两个变体渲染文本示例，并在图表上以文本的形式打印出变体组合。

（5）从图表中去掉坐标轴，因为它们毫无用处。

代码如下：

```
import matplotlib.pyplot as plt
from matplotlib.font_manager import FontProperties

# properties:
families = ['serif', 'sans-serif', 'cursive', 'fantasy', 'monospace']
sizes  = ['xx-small', 'x-small', 'small', 'medium', 'large',
         'x-large', 'xx-large']
styles  = ['normal', 'italic', 'oblique']
weights = ['light', 'normal', 'medium', 'semibold', 'bold', 'heavy',
'black']
variants = ['normal', 'small-caps']

fig = plt.figure(figsize=(9,17))
ax = fig.add_subplot(111)
ax.set_xlim(0,9)
ax.set_ylim(0,17)


   # VAR: FAMILY, SIZE
y = 0
size = sizes[0]
style = styles[0]
weight = weights[0]
variant = variants[0]

for family in families:
    x = 0
    y = y + .5
for size in sizes:
        y = y + .4
sample = family + " " + size
ax.text(x, y, sample, family=family, size=size,
style=style, weight=weight, variant=variant)
# VAR: STYLE, WEIGHT
y = 0
```

```
family = families[0]
size = sizes[4]
variant = variants[0]

for weight in weights:
    x = 5
    y = y + .5
for style in styles:
        y = y + .4
sample = weight + " " + style
ax.text(x, y, sample, family=family, size=size,
style=style, weight=weight, variant=variant)

ax.set_axis_off()
plt.show()
```

上述代码将生成图 8-7 所示的截图。

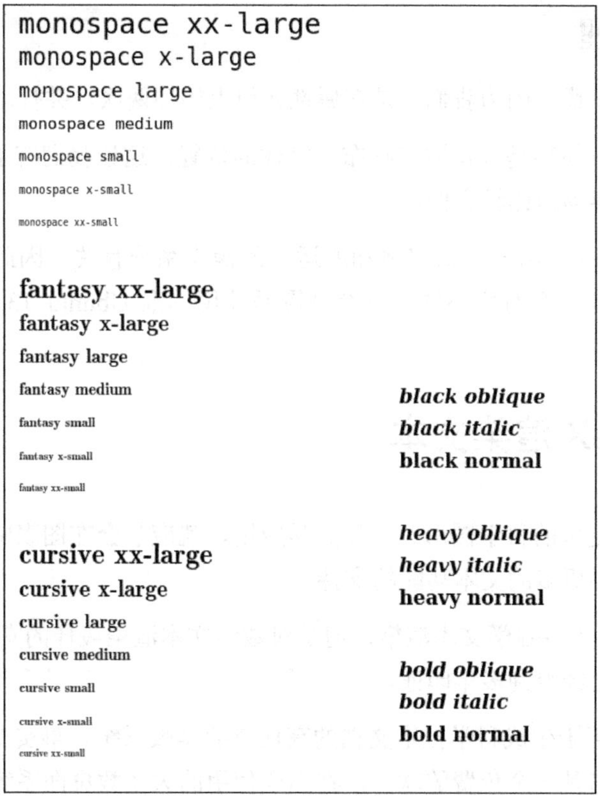

monospace xx-large
monospace x-large
monospace large
monospace medium
monospace small
monospace x-small
monospace xx-small

fantasy xx-large
fantasy x-large
fantasy large
fantasy medium
fantasy small
fantasy x-small
fantasy xx-small

cursive xx-large
cursive x-large
cursive large
cursive medium
cursive small
cursive x-small
cursive xx-small

black oblique
black italic
black normal

heavy oblique
heavy italic
heavy normal

bold oblique
bold italic
bold normal

图 8-7

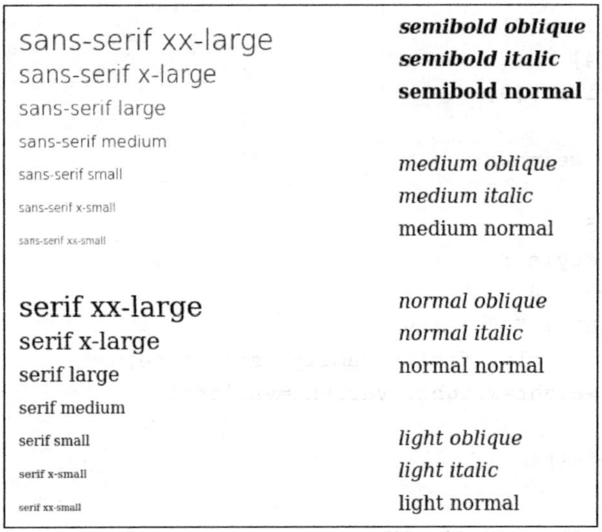

sans-serif xx-large
sans-serif x-large
sans-serif large
sans-serif medium
sans-serif small
sans-serif x-small
sans-serif xx-small

serif xx-large
serif x-large
serif large
serif medium
serif small
serif x-small
serif xx-small

semibold oblique
semibold italic
semibold normal

medium oblique
medium italic
medium normal

normal oblique
normal italic
normal normal

light oblique
light italic
light normal

图 8-7（续）

8.6.3 工作原理

代码非常直白易懂，因为我们只是在属性元组上循环两次，并打印出它们的值。

这里采用的唯一技巧是设置图表画布上字体的位置，这让我们有了一个良好布局的文本示例，并可以很容易地比较它们。

记住，matplotlib 使用的默认字体和所运行的操作系统有关，因此以上截图在不同的系统上可能看起来会稍微有所不同。这个截图是使用标准 Ubuntu 13.04 预装的字体渲染出来的。

8.7 用 LaTeX 渲染文本

如果想要绘制更多的科学图形、解释数学应用，就应学会在图表中使用科学符号和复杂的公式。这就需要更多的文本功能的支持。

虽然 matplotlib 支持数学文本渲染，但是对数学文本渲染最佳的支持仍来自 LaTeX 社区，并且在实践中已经得到多年印证。

LaTeX 是一个用于生成科学技术文档的高质量的排版系统。事实上，它已经是科学出版物排版的标准。它是一个免费的软件，在当今使用的大多数桌面系统上都可以通过预打包的二进制安装文件得到它。它的安装非常简单。

LaTeX 的基本语法与标记语言相似。要生成满意的内容，我们需要将精力集中在编写结构而不是处理外观和风格上。例如：

```
\documentclass{article}
\title{This here is a title of my document}
\author{Peter J. S. Smith}
\date{September 2013}
\begin{document}
    \maketitle
    Hello world, from LaTeX!
\end{document}
```

我们看到它与常用的文本编辑器不同，常用的文本编辑器拥有一个 WYSIWYG[①]编辑环境，风格已经被应用到了文本中。这样有时候很好，但是对于科学出版物，风格是次要考虑的问题，主要的关注点是得到恰当、正确和有效的内容。这里的内容指的是数学符号（通常有很多），还包括图形。

除此之外，还有更多的特性如自动生成目录和索引，这对于大中型的出版物是非常重要的。这些是 LaTeX 系统的主要关注点。

因为本书不是关于 LaTeX 的图书，我们就在此做个快速的介绍。更多的文档可以从其项目的网站获得。

8.7.1 准备工作

在开始演示 matplotlib 对使用 LaTeX 进行文本渲染的支持之前，需要系统上安装以下包。

- LaTeX system：最常用的一个是 TeX Live 预打包发行版本。
- DVI to PNG converter：通过生成抗锯齿的屏幕分辨率图像，它把从 TeX 获得的 DVI 文件生成 PNG 图形。
- Ghost script：这是必需的，除非已经通过 TeX Live 发行包安装了该包。

对于不同的操作系统有不同的 LaTeX 环境的预打包系统。对于基于 Linux 的系统，TeX Live 是一个完整的 TeX 系统；对于 Mac OS，推荐的环境是 MacTeX 发行包；对于 Windows 环境，proTeX 系统将会安装所有的 TeX 支持，包括 LaTeX。

不管安装了哪个包，请确保其已经包含字体库、排版和预览程序，以及不同语言的 TeX 文档。

① 所见即所得，是 What You See Is What You Get 的缩略词。

我们将为 Linxu 系统安装用于 Ubuntu 的 textlive 和 dvipng 包。可以用下面的命令来安装。

```
$ sudo apt-get install texlivedvipng
```

下一步设置 text.usetex 为 True，告诉 matplotlib 使用 LaTeX。我们可以在自定义的.matplotlibrc 中通过设置 rcParams['text']来完成。该文件位于用户主目录（在基于 UNIX 的系统中为/home/<user>/.matplotlibrc，在 Windows 系统下为 C:\Documents and Settings\<user>\.matplotlibrc）中，或者通过使用以下代码来实现。

```
matplotlib.pyplot.rc('text', usetex=True)
```

代码的开始部分告诉 matplotlib，对所有的文本渲染使用 LaTeX。在添加任何图形和坐标轴之前进行此设置是非常重要的。

并不是所有的后端都支持 LaTeX 渲染，只有 Agg、PS 和 PDF 后端支持通过 LaTeX 渲染文本。

8.7.2 操作步骤

本小节演示一下 LaTeX 基本属性的用法，步骤如下。

（1）生成一些样本数据。

（2）对于当前绘图 session，设置 matplotlib 使用 LaTeX。

（3）设置要使用的字体和字体属性。

（4）写出等式语法。

（5）演示希腊符号语法的用法。

（6）绘制分数和分形的数学符号。

（7）写出一些极限和指数表达式。

（8）写出可能的范围表达式。

（9）写出带文本和格式化文本的表达式。

（10）在 x 轴和 y 轴标签上写出一些数学表达式作为图表的标题。

下面是执行这些步骤的代码。

```
import numpy as np
import matplotlib.pyplot as plt
```

```
# Example data
t = np.arange(0.0, 1.0 + 0.01, 0.01)
s = np.cos(4 * np.pi * t) * np.sin(np.pi*t/4) + 2

plt.rc('text', usetex=True)
plt.rc('font', **{'family':'sans-serif','sans-serif':['Helvetica'],
'size':16})

plt.plot(t, s, alpha=0.25)

# first, the equation for 's'
# note the usage of Python's raw strings
plt.annotate(r'$\cos(4 \times \pi \times {t}) \times \sin(\pi \times \
frac{t} 4) + 2$', xy=(.9,2.2), xytext=(.5, 2.6), color='red', arrowprops=
{'arrowstyle':'->'})

# some math alphabet
plt.text(.01, 2.7, r'$\alpha, \beta, \gamma, \Gamma, \pi, \Pi, \phi, \
varphi, \Phi$')
# some equation
plt.text(.01, 2.5, r'some equations $\frac{n!}{k!(n-k)!} = {n \choose k}$')
# more equations
plt.text(.01, 2.3, r'EQ1 $\lim_{x \to \infty} \exp(-x) = 0$')
# some ranges...
plt.text(.01, 2.1, r'Ranges: $( a ), [ b ], \{ c \}, | d |, \| e \|, \
langle f \rangle, \lfloor g \rfloor, \lceil h \rceil$')
# you can multiply apples and oranges
plt.text(.01, 1.9, r'Text: $50 apples \times 100 oranges = lots of juice$')
plt.text(.01, 1.7, r'More text formatting: $50 \textrm{ apples} \times
100 \textbf{ apples} = \textit{lots of juice}$')
plt.text(.01, 1.5, r'Some indexing: $\beta = (\beta_1,\beta_2,\dotsc, \
beta_n)$')
# we can also write on labels
plt.xlabel(r'\textbf{time} (s)')
plt.ylabel(r'\textit{y values} (W)')
# and write titles using LaTeX
plt.title(r"\TeX\ is Number "
          r"$\displaystyle\sum_{n=1}^\infty\frac{-e^{i\pi}}{2^n}$!",
fontsize=16, color='gray')
# Make room for the ridiculously large title.
plt.subplots_adjust(top=0.8)
```

```
plt.savefig('tex_demo')
plt.show()
```

上述代码将渲染出图 8-8 所示的有大量文本的图表来展示 LaTeX 渲染的效果。

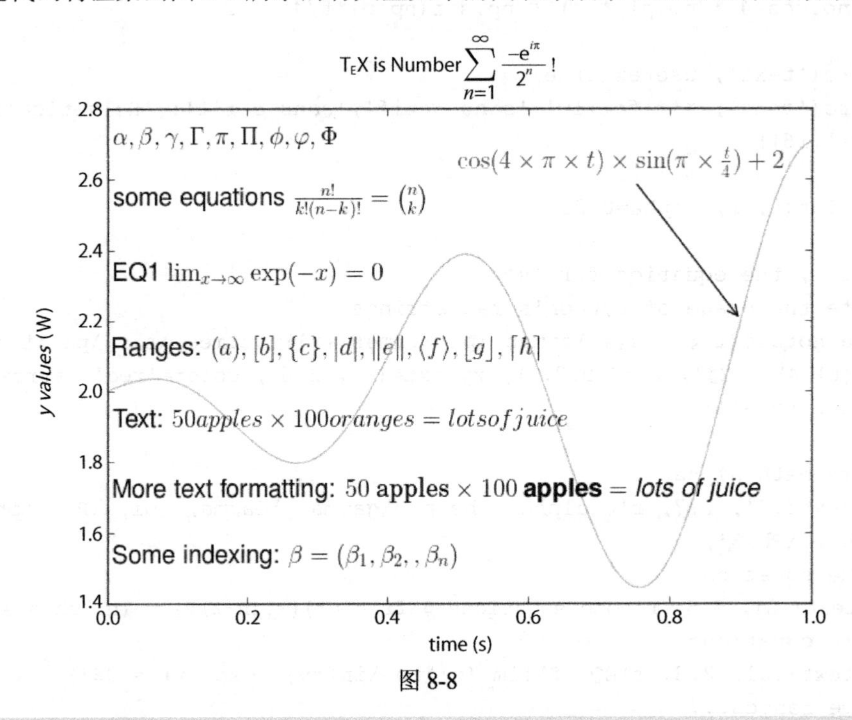

图 8-8

8.7.3 工作原理

在设置完渲染引擎和字体属性之后，我们使用标准 matplotlib 函数调用来渲染文本，如 `matplotlib.pyplot.annotate`、`matplotlib.pyplot.text`、`matplotlib.pyplot.xlabel`、`matplotlib.pyplot.ylabel` 和 `matplotlib.pyplot. title`。

不同的是，这里所有的字符串都是所谓的原始字符串[①]，表明 Python 不会解释它们，不会发生字符串替换，因此 LaTeX 引擎将接收到和给定字符串完全相同的值。

可以从 matplotlib 官方文档获得关于 TeX 语法以及如何在 matplotlib 中使用该语法的更多示例。

注意，这个 URL 不是 LaTeX 的网址，而是 matplotlib 自身集成的 TeX 分析器的网址。这个分析器几乎支持和 LaTeX 相同的语法，完全能满足你的需要。

---

① 指在字符串前添加 r，如 r'\textbf{time} (s)'。

8.7.4　补充说明

如果在设置环境时遇到问题，或者有字体方面的各种问题，比如要么看起来很丑，要么不能得到 LaTeX 渲染效果，请检查并确保你已经安装了所有需要的包，$PATH 环境变量（如果在 Windows 系统上）已经包含了所有二进制文件的路径，并且已经在 matplotlib 设置好使用 LaTeX 来做文本渲染了。

如果按照所有给定的指令还是不能得到预期结果，请参考 matplotlib 官方网站和 LaTeX 社区网站以寻求进一步的帮助。

众所周知，环境的设置不会像预期的那样一帆风顺，各种怪事都可能发生。

8.8　理解 pyplot 和 OO API 的不同

在本节中，我们将试着解释一些 matplotlib 中的编程接口，并对 pyplot 和面向对象的 API（应用程序接口）做一个比较。了解这些后，我们就能根据手头的任务来决定为什么以及何时使用这些接口。

8.8.1　准备工作

matplotlib 库的起源和许多开源项目相似——作者面临的问题没有合适（免费）的解决方案，因此作者写了一个。MATLAB®面临的问题体现在处理手头工作的性能上。原作者已经具备了 MATLAB®和 Python 的知识，因此作者动手编写了 matplotlib 作为当时项目需求的解决方案。

这就是 matplotlib 有一个类似 MATLAB®的接口的主要原因。它让人们能够快速地绘制数据，而不用担心后台细节，比如 matplotlib 当前运行在什么平台上，底层使用的渲染库是哪个（是 Linux 下的 GTK、QT、Tk，还是 Linux 或 Windows 下的 wxWidgets），以及我们是否借助 Cocoa 工具包在 Mac OS 系统上运行。所有这些都隐藏在 matplotlib 内部，在其之上是一个 `matplotlib.pyplot` 模块中的良好程序接口，这个有状态的接口处理创建图表和坐标轴的逻辑，并把它们与配置的后端联系起来。它也为当前图表和坐标轴保存了数据结构，可以通过 plot 命令进行调用。

`matplotlib.pyplot` 就是本书大部分章节中用到的接口，它简单、直接，能胜任我们想要解决的大多数任务。matplotlib 库就是在这种哲学思想下设计出来的。我们必须在画图时使用尽可能少的命令，甚至只需一个命令（例如 `plt.plot([1,2,3,4, 5]);`

plt.show()!）就可以完成这些任务，我们不想去思考对象、实例、方法、属性、渲染后端、图表、画布、线条和一些其他的图形元素。

如果你是从开头阅读本书，很可能已经注意到一些类在许多示例中都出现过了，比如 FontProperties 和 AxesGrid，它们提供了 matplotlib.pyplot 模块功能之外更多的功能。

面向对象的编程接口隐藏了所有棘手的工作，如渲染图形元素，把它们渲染到平台的图形工具上，以及处理用户的输入（鼠标和键盘点击）。我们没有理由不使用面向对象的编程接口，而且这也是我们接下来要介绍的。

如果把 matplotlib 看作一个软件，它由以下 3 部分组成。

- matplotlib.pylab 接口：这是用户用来创建类似 MATLAB®中的图形的一组函数。
- matplotlib API（也称为 matplotlib 前端）：这是用于创建和管理图表、文本、线条、图形等的一组类。
- 后端：这些是绘图驱动，它们把前台的抽象表示转换成一个文件或一个显示设备。

后端层包含抽象接口类的具体实现。包含的类有 FigureCanvas（画到纸上的一个表面）、Renderer（在画布上绘图的画笔）和 Event（处理用户键盘点击和鼠标事件的类）。

代码也是分离的。抽象基类在 matplotlib.backend_bases 中，每一个具体实现在一个单独的模块中。例如，GTK 3 后端在 matplotlib.backends.backend_gkt3agg 中。

在这个体系中，有一个 Artist 类层级结构，很多棘手的工作都是在这里完成的。Artist 知道 Renderer 的存在以及如何使用它在 FigureCanvas 上绘制图像。大多数我们感兴趣的东西（文本、线条、刻度、刻度标签、图像等）都是 Artist 类或者 Artist 类的子类（位于 matplotlib.artist 模块）。

matplotlib.artist.Artist 类包含了所有其子类共享的属性：坐标转化、剪切区、标签、用户事件处理器和可见性，结构如图 8-9 所示。

在这个图表中，Artist 是大多数其他类的基类。有两个基本类别的类继承自 Artist。第一类是简单类型的 artist，是一些可见的对象如 Line2D、Rectangle、Circle 和 Text。第二类是组合的 artist，是其他 Artists 的组合如 Axis、Tick、Axes 和 Figure。例如，Figure 有简单的 artist——Rectangle 作为背景，但至少还包含一个组合 artist——Axes。

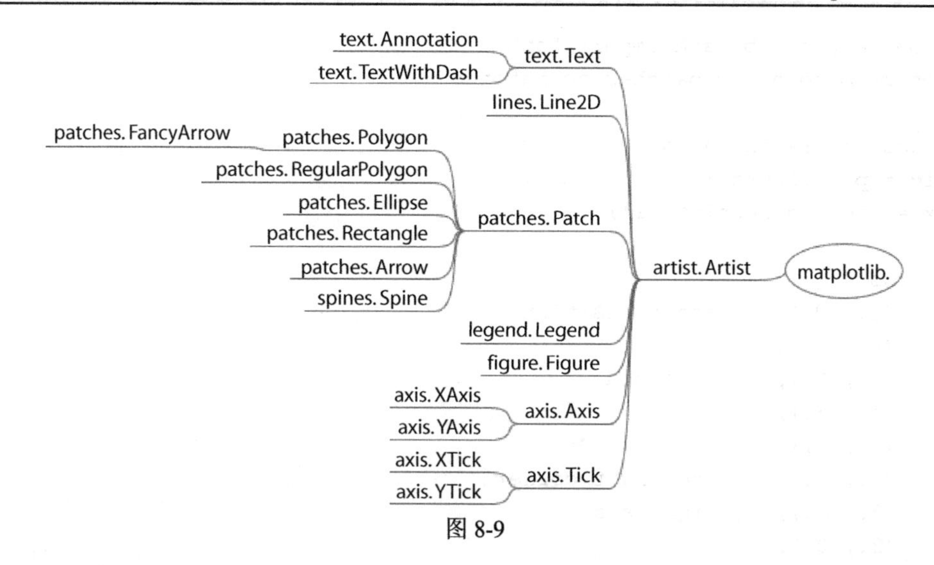

图 8-9

大部分绘图操作发生在 Axes 类（matplotlib.axes.Axes）中。图表背景元素如刻度、坐标轴线，以及背景补片的网格和颜色都包含在 Axes 中。Axes 另一个重要的特性是：所有的 helper 方法创建其他简单类型 artist，并把它们添加到 Axes 实例中，例如 plot、hist 和 imshow。

举个例子，Axes.hist 创建了许多 matplotlib.patch.Rectangle 实例，并把它们保存在 Axes.patches 集合中。

Axes.plot 创建了一个或多个 matplotlib.lines.Line2D 实例，并把它们保存在 Axes.lines 集合中。

8.8.2　操作步骤

我们将举个例子说明一下，其操作步骤如下。

（1）实例化一个用于自定义绘图的 matplotlib Path 对象。

（2）创建对象的顶点。

（3）创建路径的指令代码以把这些顶点连接起来。

（4）创建一个补片。

（5）把它添加到 figure 的 Axes 实例中。

下面是实现代码。

```
import matplotlib.pyplot as plt
```

```
from matplotlib.path import Path
import matplotlib.patches as patches

# add figure and axes
fig = plt.figure()
ax = fig.add_subplot(111)

coords = [
    (1., 0.),  # start position
    (0., 1.),
    (0., 2.),  # left side
    (1., 3.),
    (2., 3.),
    (3., 2.),  # top right corner
    (3., 1.),  # right side
    (2., 0.),
    (0., 0.),  # ignored
    ]

line_cmds = [Path.MOVETO,
Path.LINETO,
Path.LINETO,
Path.LINETO,
Path.LINETO,
Path.LINETO,
Path.LINETO,
Path.LINETO,
Path.CLOSEPOLY,
        ]

# construct path
path = Path(coords, line_cmds)
# construct path patch
patch = patches.PathPatch(path, lw=1,
facecolor='#A1D99B', edgecolor='#31A354')
# add it to *ax* axes
ax.add_patch(patch)

ax.text(1.1, 1.4, 'Python', fontsize=24)
ax.set_xlim(-1, 4)
ax.set_ylim(-1, 4)
plt.show()
```

上述代码生成的图形如图 8-10 所示。

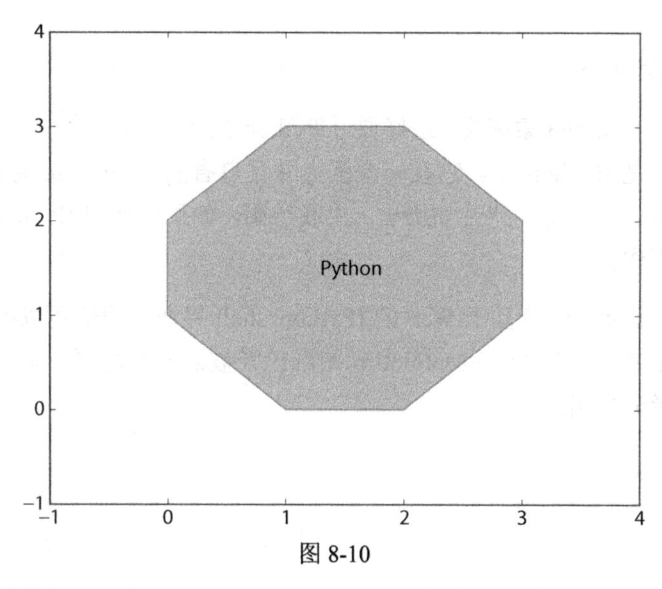

图 8-10

8.8.3 工作原理

绘制图 8-10 所示的八边形，我们使用了基本的补片类 `matplotlib.path.Path`，它包含绘制线条和曲线所需基元的基本集合（`moveto` 和 `lineto`）。这些可以被用来绘制简单的多边形，也可以使用贝塞尔曲线绘制更高级的多边形。

首先，我们在数据坐标中指定了一组坐标，并为其匹配了一组在这些坐标上（或者顶点，如果你想这么称呼的话）执行的路径命令。对此我们实例化了一个 `matplotlib.path.Path` 对象。然后，用这个 `path` 创建了 `matplotlib.patched.PathPatch` 实例对象——一个普通的多重曲线路径补片。

现在，可以把这个补片添加到图表的坐标轴（`fig.axes` 集合）中了，并且可以渲染图表以显示多边形。

在这个例子中我们不想直接使用 `matplotlib.figure.Figure` 类来代替 `matplotlib. pyplot.figure()` 调用。这样做的原因是 `pyplot.figure()` 在后台做了很多工作，比如从 `matplotlibrc` 文件读取 `rc` 参数（加载默认的 `figsize`、`dpi` 和图表颜色设置）、设置图表管理类（`Gcf`）等。我们可以手动做所有这些工作，但直到我们知道真正要做什么之前，推荐的方式还是通过 `pyplot.figure()` 创建图表。

作为一般经验法则，除非我们用 `pyplot` 接口无法完成某项工作，否则不应该接触如 `Figure`、`Axes` 和 `Axis` 这样的直接类，因为在后台进行着许多状态管理工作。因此，除非我们在开发 matplotlib，否则应该避免打搅它们。

8.8.4　补充说明

如果你想进行互动和探索编程，最好通过 Python 交互式 shell 来使用 matplotlib。为此，最有名的很可能就是 IPython 了。它在一个强大并且自省的 shell 里提供了 matplotlib 的所有特性。shell 具有一些丰富的特性如历史、内联绘图，如果你使用 IPython Notebook 的话，还可以分享你的工作。

IPython Notebook 是一个基于 Web 的 IPython shell 界面，我们可以把上面的工作分享出去，或转换成 HTML 和 PDF。Matplotlib 图形已经被嵌入并内联在里面，因此它们也可以被保存下来或者分享出去。

第 9 章 使用 Plot.ly 进行云端可视化

本章包含以下内容。

- 创建线形图。
- 创建柱状图。
- 绘制 3D 三叶结。

9.1 简介

Plot.ly 是一个在线数据可视化工具，它使得创建和分享交互图表成为可能。有两种方式可以使用 Plot.ly：登录其网站，上传数据，然后用网页界面创建图表；或者使用其提供的 API。本章将关注如何使用。

与 matplotlib 的不同之处在于：图表现在是在线创建而不是从机器上创建。这意味着我们可以从 Plot.ly 的网站访问它们。在免费账户下，你创建的所有图表将是公开的，可以被任何人访问。

学习本章的内容，你需要一个 Plot.ly 账户和 API 密钥。前往 Plot 官网，单击“Sign in”按钮创建账户。账户创建成功后，前往 Settings 页面生成一个 API 密钥。

然后，如第 1 章所述，用 pip 安装 Plot.ly 的 Python API 接口库。

```
$ pip install plotly
```

现在可以开始使用了。

9.2 创建线形图

在本节，我们将看到如何创建线形图。我们已经在第 3 章中对线形图进行了介绍，并且已经知道如何通过 matplotlib 创建它。这次，我们将关注如何使用 Plot.ly 创建和分享线形图。

9.2.1 准备工作

开始前，需要在编程环境下为 Plot.ly 平台设置凭证。

```
$ python -c "import plotly; plotly.tools.set_credentials_
file(username='DemoAccount', api_key='mykey')"
```

用你的 Plot.ly 用户名和 API 密钥替换 `DemoAccount` 和 `mykey`。

9.2.2 操作步骤

下述代码展示了如何绘制两条曲线。详细步骤如下。

（1）生成绘制图形所需的数据（正弦和余弦曲线）。

（2）按照 Plot.ly 要求的格式组织数据。

（3）向服务器发送请求。

（4）接收指向生成图表的 URL。

运行下面的代码。

```
import plotly.plotly as py
from plotly.graph_objs import Scatter
import numpy as np

x = np.linspace(-2*np.pi, 2*np.pi, 50)

trace0 = Scatter(x=x.tolist(),
    y=np.sin(x).tolist(),
    name='sin(x)'
)
trace1 = Scatter(
    x=x.tolist(),
    y=np.cos(x).tolist(),
    name='cos(x)'
```

```
)
data = [trace0, trace1]

unique_url = py.plot(data, filename = 'sin-cos')
```

9.2.3　工作原理

这里我们使用了两个 Scatter 对象。第一个实例 Scatter(trace0)表示点的正弦曲线，第二个实例(trace1)表示余弦曲线。构造函数中的 x 和 y 参数用来指定绘制的数据点，name 参数用来标记图表的图例。

创建完表示曲线的对象后，把它们包装到一个列表中，然后传给 py.plot 方法。这个方法调用 Plot.ly 并为我们创建图表。该方法调用返回后，会打开默认浏览器显示图表。得到的图表如图 9-1 所示。

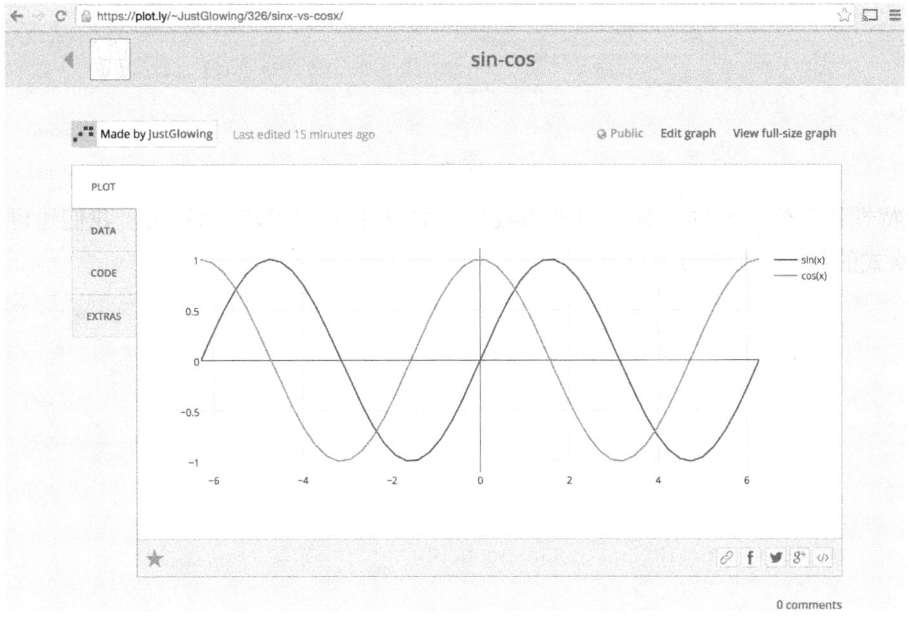

图 9-1

现在，图表（包括数据）存储在了 Plot.ly 服务器中，我们可以通过 plot 方法返回的 URL 访问它。每张图表都有唯一的名字，通过 plot 方法的 filename 参数来指定（本示例中的图表名字为 sin-cos）。

Plot.ly 接口的独特之处在于图表是交互式的。如果把光标悬停在曲线上，我们会看到一个显示了当前所悬停点信息的提示框。我们也可以使用鼠标的滚轮对图表进行缩放。

9.2.4 补充说明

打开 DATA[①]标签页，我们可以查看数据信息，如图 9-2 所示。

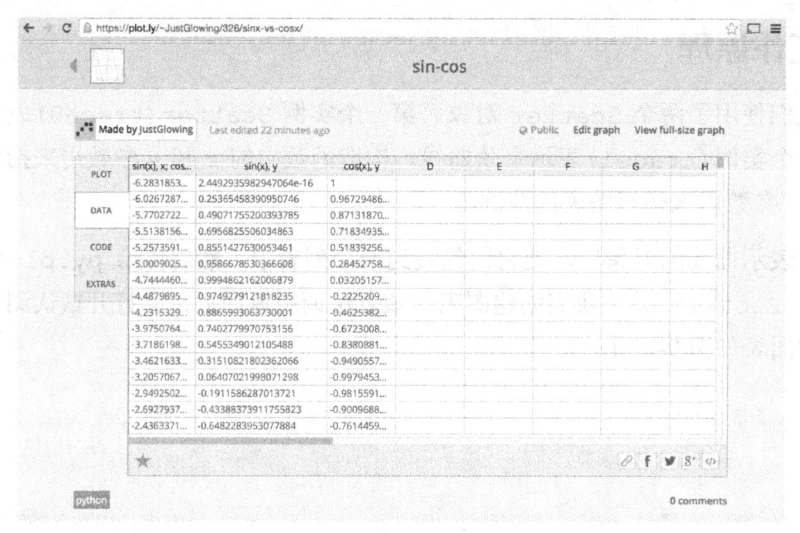

sin(x), x; cos...	sin(x), y	cos(x), y	D	E	F	G	H
-6.2831853...	2.4492935982947064e-16	1					
-6.0267287...	0.25365458390950746	0.96729486...					
-5.7702722...	0.49071755200393785	0.87131870...					
-5.5138156...	0.6956825506034863	0.71834935...					
-5.2573591...	0.8551427630053461	0.51839256...					
-5.0009025...	0.9586678530366608	0.28452758...					
-4.7444460...	0.9994862162006879	0.03205157...					
-4.4879895...	0.9749279121818235	-0.2225209...					
-4.2315329...	0.8865993063730001	-0.4625382...					
-3.9750764...	0.7402779970753156	-0.6723008...					
-3.7186198...	0.5455349012105488	-0.8380881...					
-3.4621633...	0.3151082180236206	-0.9490557...					
-3.2057067...	0.06407021998071298	-0.9979453...					
-2.9492502...	-0.1911586287013721	-0.9815591...					
-2.6927937...	-0.43388373911755823	-0.9009688...					
-2.4363371...	-0.6482283953077884	-0.7614459...					

图 9-2

该特性让我们能够同时分享图表和数据。如果打开 CODE 标签页，我们还可以查看 JSON 格式的数据，如图 9-3 所示。

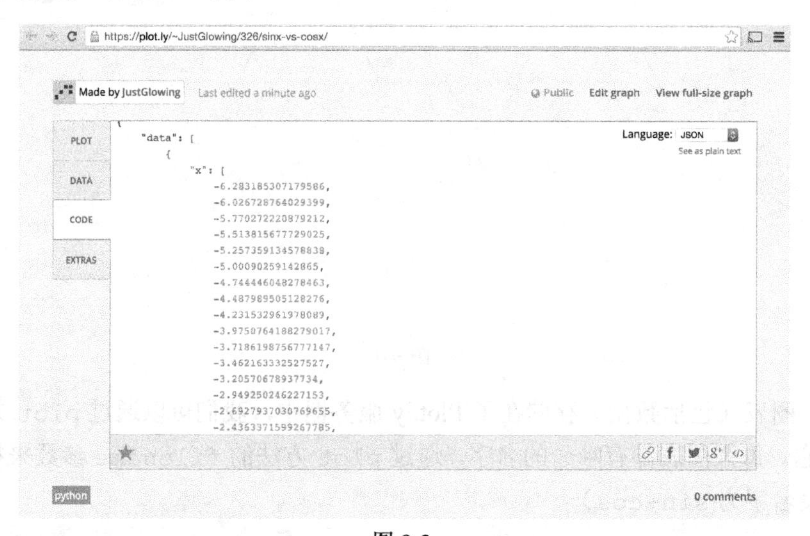

图 9-3

① Plot.ly 经过改版后，现在显示的标签页为首字母大写的形式，如 Data、Code 等。——译者注

我们甚至可以获得重绘图表的脚本（以 Python、MATLAB、JavaScript、R 或者 Julia 的形式），这是 Python 版本的脚本，如图 9-4 所示。

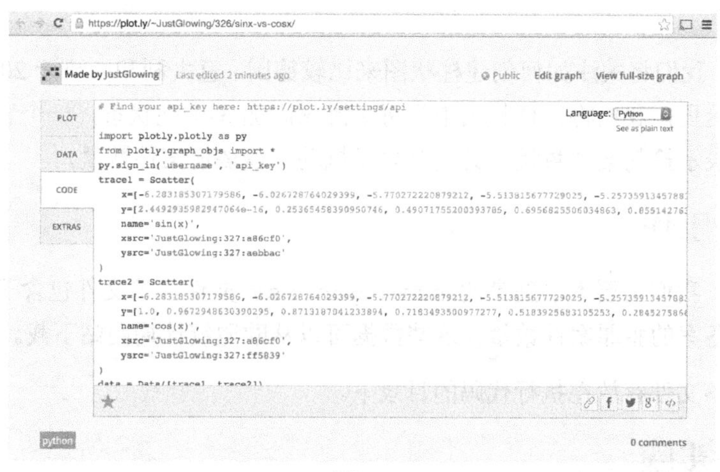

图 9-4

打开 Edit graph 链接页面，我们能够对图表的许多部分进行修改，如主题和布局，还可以添加笔记，所有操作都不需要在代码中进行。如图 9-5 所示。

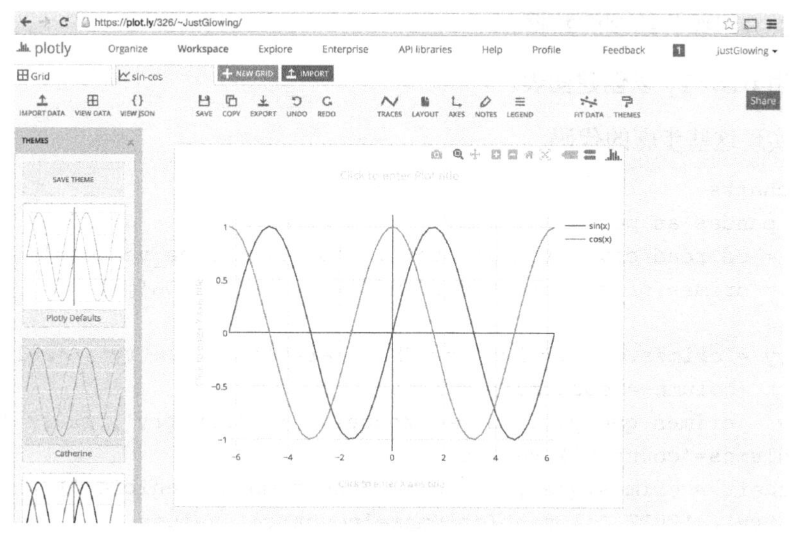

图 9-5

这是非常顺手的。因为我们能用很简单的代码绘制一个图表，然后通过单击操作界面来改进图表的外观显示。

9.3　创建柱状图

在本节中，我们将关注如何创建柱状图来比较德国、意大利和西班牙2012年不同犯罪案件的数量。这里，我们将在柱状图中为每个国家添加3个柱状条，一个表示入室盗窃案件数量，一个表示抢劫案件数量，另一个表示机动车辆盗窃案件数量。

9.3.1　准备工作

在本节中，我们需要本书随带的 crim_gen.csv 文件。该文件包含了按照年份和国家统计的警局备案的犯罪案件数量。这些数据可以从欧盟统计局网站下载。

我们假定该文件存放在执行代码的目录下。

9.3.2　操作步骤

下述代码描述了如何创建柱状图，操作步骤如下。

（1）打开 tsv（制表符分隔值格式）文件。

（2）分类并组织将绘制的数据。

（3）调用 plotly 以创建图表。

下面是实现这些步骤的代码。

```
# bar charts
import pandas as pd
crimes = pd.read_csv('crim_gen.tsv', sep=',|\t', na_values=': ')
crimes = crimes[crimes.country.isin(['IT', 'ES', 'DE'])]

burglary = crimes.query('iccs == "burglary"')[['country', '2012
']].sort[1](columns='country').values
robbery = crimes.query('iccs == "robbery"')[['country', '2012 ']].
sort(columns='country').values
motor_theft = crimes.query('iccs == "theft_motor_vehicle"')
[['country', '2012 ']].sort(columns='country').values

import plotly.plotly as py
from plotly.graph_objs import *
```

① 根据版本不同，此处方法有变化，sort_values(by='country')，该方法自0.17.0版本引入。

```
trace1 = Bar(
    x=burglary[:,0].tolist(),
    y=burglary[:,1].tolist(),
    name='burglary'
)

trace2 = Bar(
    x=motor_theft[:,0].tolist(),
    y=motor_theft[:,1].tolist(),
    name='motor_theft'
)

trace3 = Bar(
    x=robbery[:,0].tolist(),
    y=robbery[:,1].tolist(),
    name='robbery'
)


data = Data([trace1, trace2, trace3])
layout = Layout(
    barmode='group'
)
fig = Figure(data=data, layout=layout)
plot_url = py.plot(fig, filename='bars-crimes')
```

9.3.3 工作原理

本节中我们使用 pandas（在第 1 章有介绍）导入和查询数据。首先我们把数据按照感兴趣的国家分离，国家通过 isin 方法指定。然后，按照我们感兴趣的犯罪类型分离。这样我们就得到 burglary、robbery 和 motor_theft 3 个矩阵，其中矩阵的第一列为国家代码，第二列是该国家记录在案的犯罪数量。motor_theft 矩阵具体如下。

```
[['DE', 70511.0],
['ES', 55197.0],
['IT', 196589.0]]
```

我们为每一个矩阵实例化一个柱条对象，就像前面的 scatter 对象一样，只不过这次参数 x 是矩阵的第一列，y 是第二列。然后数据再次被组织到一个列表中并传递给 plot 方法。结果如图 9-6 所示。

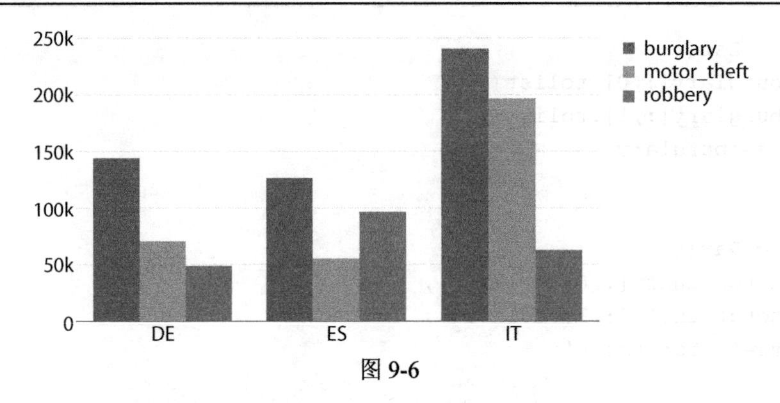

图 9-6

我们可以看到，图中有 3 组柱状条，每组包含了 3 个柱条。

9.3.4 补充说明

在上述代码中，我们还使用了一个新对象：layout。该对象让我们能够指定图表的布局属性。通过把该对象的柱条模式参数设置为 group，可以把指定的柱条进行分组。如果把该属性设置为 stack，就可以得到类似图 9-7 的图表。

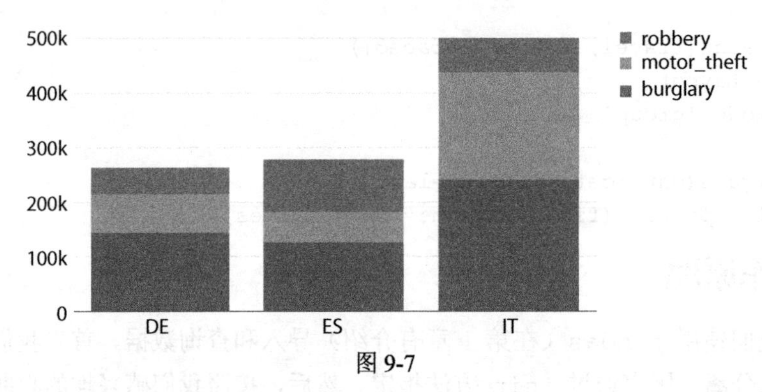

图 9-7

在这里我们也了解了如何把柱条进行堆积而不是简单的分组。

9.4 绘制 3D 三叶结

在本节中，我们将演示如何绘制一个 3D 三叶结。三叶结是一个有 3 个交叉的闭合曲线。在本节我们不仅仅是要绘制一条曲线，而是一个 3D 的曲面。这超出了 plot.ly 的能力，我们会使用一点小技巧来实现它。

9.4.1　操作步骤

操作步骤具体如下。

（1）使用参数方程生成结的所有点。

（2）把数据组织成 plotly 需要的格式。

（3）设置一个整齐的布局。

（4）调用 plotly 绘制图表。

```
import numpy as np
import plotly.plotly as py
from plotly.graph_objs import Scatter3d, Data, Layout
from plotly.graph_objs import Figure, Line, Margin, Marker

from numpy import linspace,pi,cos,sin
phi = linspace(0,2*pi,250)
x = sin(phi)+2*sin(2*phi)
y = cos(phi)-2*cos(2*phi)
z = -sin(3*phi)

traces = list()
colors = ['rgb(%d,50,210)' % c for c in np.abs(z / max(z)) * 255]
for i in linspace(-np.pi,np.pi,50):
    trace = Scatter3d(x=x+np.cos(i)*.5, y=y+np.sin(i)*.5, z=z,
                      mode='markers',
                      marker=Marker(color=colors, size=13))
    traces.append(trace)

data = Data(traces)

layout = Layout(showlegend=False, autosize=False,
                width=500, height=500,
                margin=Margin(l=0,r=0,b=0,t=65))

fig = Figure(data=data, layout=layout)
plot_url = py.plot(fig, filename='3d-trifoil')
```

9.4.2　工作原理

首先，我们用下面 3 个参数方程生成三叶结曲线的所有点：

```
x = sin(phi)+2*sin(2*phi)
```

```
y = cos(phi)-2*cos(2*phi)
z = -sin(3*phi)
```

这表明 x、y 和 z 是平行向量，点（x[i],y[i],z[i]）是三维空间中曲面上的点。想要生成一个曲面实体，我们需要创建一系列围绕主曲线的其他曲线。这样我们就生成了一组 Scatter3d 对象，其中每一个对象是一条曲线。

为了让三叶结呈现 3D 效果，我们在绘制每条曲线的每一个点时都用了不同的颜色。颜色是通过 z 坐标的函数计算得出，当 z 等于 0 时为蓝色，然后随着 z 值变大渐渐变为紫色。

颜色通过一个 RGB 三元色列表指定，如果我们查看颜色列表的值，其内容如下：

```
['rgb(0,50,210)',
 'rgb(19,50,210)',
 'rgb(38,50,210)',
 'rgb(57,50,210)',
 'rgb(76,50,210)',
...
```

其中每一个元素是一个包含曲线上点的 RGB 颜色值的字符串。

结果如图 9-8 所示。

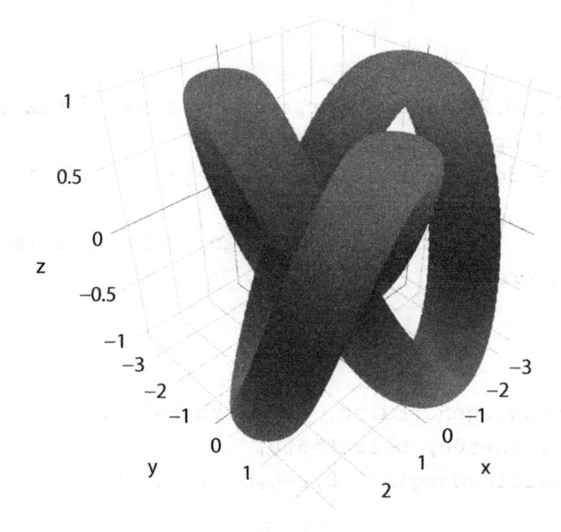

图 9-8

我们不仅可以对图像进行放大、缩小，还可以旋转以查看图像。